L'ART

DE

S'ENRICHIR PAR LA PÊCHE

L'ART

DE

S'ENRICHIR PAR LA PÊCHE

PAR

P. LABBÉ

Pline, Martial, Juvénal et Pétrone ont vanté les délices de la pêche et de ses produits.

J'espère que tous mes lecteurs auront lieu de les vanter comme eux.

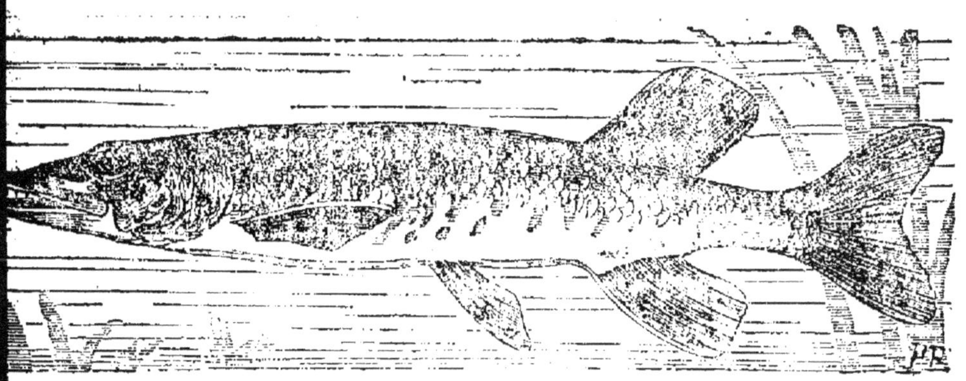

PARIS

CHEZ P. LABBÉ | TÉQUI LIBRAIRE-ÉDITEUR
5, rue de Belzunce, 5. | 85, rue de Rennes, 85.

MDCCCLXXXVII

PRÉFACE.

Chers lecteurs,

Comme vous pourriez m'objecter tout d'abord, à propos de pêche, le vers de Boileau, à propos de poésie :

Mais vous, pour en parler, vous y connaissez-vous?

je commence par vous répondre, et je crois que ce que je vais vous dire est propre à vous rassurer à ce sujet. Avant un an, j'aurai 60 ans, et toute ma vie j'ai aimé la pêche, et je l'ai pratiquée autant que je l'ai pu faire, sans manquer à mes devoirs.

J'ajoute que pendant ma vie j'ai eu bien des occasions de voir ou d'apprendre les procédés d'habiles pêcheurs pour réussir. J'ai, en résumé, beaucoup vu, beaucoup noté et beaucoup retenu à ce propos, sans parler des secrets que j'ai inventés moi-même, et qui m'ont fort bien réussi; j'espère, chers lecteurs, que vous réussirez tous de même, si vous mettez en pratique tout ce que vous lirez dans mon petit livre, et qu'alors, loin de le trouver trop cher, vous direz qu'il vaut cent fois son prix. J'ai passé une partie de ma vie dans le préceptorat, et, comme précepteur, j'ai habité dans l'Ouest, dans l'Est, dans le Centre et dans le Midi de la France, et partout, durant mes heures de loisirs, j'ai tâché de me perfectionner dans l'art de la pêche, soit en la pratiquant, soit en consultant d'habiles pêcheurs.

Dans un château de la Champagne, quand on me disait qu'on désirait six carpes, dans vingt minutes ou une demi-heure au plus, j'étais sûr (j'aurais pu le parier d'avance), de les prendre, non pas avec des vers, mais avec un appât de mon invention. Dans un autre château, où nous étions allés déjeuner, je témoignai le désir de pêcher, et l'on m'autorisa à le faire.

J'essayai d'abord avec des vers, mais, voyant que ça ne mordait pas à mon gré, j'employai mon appât particulier, qu'on peut se procurer partout, et je réussis à merveille. Je fis mordre la poussière, comme on dirait en termes de guerre, à tant et à de si belles carpes, qu'on me dit : assez, assez, monsieur ! Nous en laissâmes autant qu'ils en voulurent aux châtelains, qui nous en donnèrent une belle quantité à emporter.

Un jour, dans un canal, avec un appât dans le genre de celui pour la carpe, je pris dans le même endroit environ quarante poissons. Des lavandières en furent stupéfaites, comme on eut lieu de l'être un jour que je pris plus de soixante poissons d'un coup dans une louve, qu'on appelle aussi tambour. J'y avais mis en tendant ma louve, le soir, des coquilles d'œufs de poule, qui ont la propriété d'attirer le poisson.

Un jour, pêchant à la ligne dans un grand étang, je proposai à une des personnes présentes de parier que j'allais prendre au moins dix poissons dans vingt minutes; elle refusa, me disant qu'il n'était pas loyal de parier, étant sûr de gagner.

Je parlerai plus loin de l'appât dont je me servais, et de celui pour la carpe, j'y parlerai aussi d'un engin de pêche, au moyen duquel on peut, tout en restant au bord d'un grand étang ou d'une large rivière ou même d'un fleuve, prendre jusqu'au milieu de beaux brochets, de belles carpes et de superbes anguilles. J'ai pris un jour trois brochets de cette façon-là. Je ne saurais dire combien j'ai pris de carpes et d'anguilles. Tout le monde peut prendre ainsi des poissons de toute espèce. Oh ! Monsieur ! vont se hâter de me dire mes lecteurs : vous nous faites vraiment venir l'eau à la bouche ; hâtez-vous de nous énumérer et de nous détailler tous vos secrets. Oh! quel indicible plaisir nous aurions à capturer les brochets, les carpes, les anguilles et d'autres poissons, qui ont fait jusqu'ici notre désespoir! Cent fois ils nous ont mis sur les dents.

Quelle joie nous éprouverions, si nous pouvions venir à bout de nous les mettre sous la dent !

Parlez-nous donc des ustensiles de pêche à la ligne, et, après cela, des instruments de pêche aux filets. Commencez par nous parler des perches de ligne ou des cannes de pêche, puis des lignes et ensuite des appâts, des lieux et des temps les meilleurs pour réussir dans cet art si difficile de la pêche, qui, jusqu'ici ne nous a guère occasionné que des déboires et des ennuis.

Je me hâte, chers lecteurs, de vous satisfaire, et j'espère que si vous voulez bien faire tout ce que je vais vous dire, la pêche, au lieu de continuer à vous causer des déboires et des ennuis, ne vous causera plus que du plaisir et du profit.

Il existe beaucoup d'ouvrages sur la pêche qui sont sans utilité, ou du moins de peu d'utilité, justement parce qu'ils sont trop volumineux.

L'étude de ces livres demande beaucoup de temps, ce qui fait qu'on les lit peu. Je crois donc causer du plaisir et rendre service à mes lecteurs, en laissant de côté tous les détails inutiles. Au lieu de dire que le brochet a sept cents dents, que tel poisson a des écailles couleur d'argent, et tel autre des nageoires couleur d'or, il me semble beaucoup plus utile de leur indiquer de nombreuses et très utiles recettes pour les prendre.

J'avoue que de temps en temps je ferai des extraits des excellents traités de pêche de Charles de Massas, de Léon Reymond, de Kresz, et de l'Almanach du Pêcheur, de Poitevin, de Moriceau et d'un auteur allemand.

L'ART

DE

S'ENRICHIR PAR LA PÊCHE

USTENSILES DE PÊCHE

CANNES A PÊCHE

· Rollin conseille de donner aux élèves de beaux livres, cela étant propre à leur inspirer le goût du travail et de l'étude, au lieu que de vieux et vilains livres les en dégoûtent. Je conseille également à mes lecteurs, qui en ont le moyen, de ne pêcher qu'avec de belles et bonnes cannes et d'excellentes lignes.

Cela leur inspirera le goût de la pêche, s'ils ne l'avaient pas, et l'augmentera, s'ils l'avaient déjà : A tous ceux qui le peuvent, je conseille d'aller chez un bon marchand d'ustensiles de pêche acheter tout ce qui leur est nécessaire, et qu'ils ne pourraient se procurer eux-mêmes assez bien. Les vieux marchands d'instruments de pêche doivent naturellement s'entendre sur les cannes et sur les lignes qui conviennent pour la pêche des petits, des moyens ou des gros poissons. A ceux qui lui diront qu'ils désirent pêcher de petits poissons ou les poissons blancs, le marchand devrait conseiller d'acheter des cannes en roseau de France, qui sont les meilleures; elles sont longues et légères, et l'on pourra pêcher avec des lignes très fines et de loin ces poissons, qui sont très méfiants. Il faut renforcer le roseau entre les nœuds par des ligatures en soie poissée, ou mettre du vernis autour de ces nœuds, cela fortifie la canne et l'empêche de se fendre.

Les marchands vendent des cannes formées de 3 ou 4, ou même 5 bouts, qui se renferment les uns dans les autres, de sorte que quand on voit le pêcheur s'appuyer sur cette canne, on croirait qu'il se promène avec une canne de voyage.

Il y a des cannes en bambou et d'autres en roseau. Celles-ci sont plus légères et moins chères, mais elles sont plus fragiles et plus cassantes.

J'engage donc surtout les pêcheurs, qui veulent prendre d'autres poissons que les petits et les blancs, à acheter une canne en bambou à 4 bouts au moins. Pour environ 5 fr. on peut avoir une bonne canne de cette espèce, qui pourra durer toute la vie si l'on prend des précautions pour ne pas la casser. En ce cas, on pourra retourner chez le marchand acheter des bouts de rechange. Ceux qui demeurent trop loin d'un marchand, ou qui n'ont pas le moyen d'acheter des cannes, pourront s'en fabriquer eux-mêmes d'assez bonnes avec une gaule, à l'extrémité de laquelle ils placeront un scion (on entend par là un petit rejeton tendre et très flexible d'un arbre). Ce scion peut être en noisetier, ormé, cornouiller, sanguin, troène, épine ou tout autre bois flexible. Quant à la gaule, elle peut être en coudrier, saule, marceau, sapin, et sans nœuds, frêne, noyer, érable, chêne. Je conseille de passer sur la flamme la gaule et le scion pour les dessécher et les rendre plus légers. On aplatit en forme de bec de flûte avec un couteau le petit bout de la gaule et le gros bout du scion. Il est bon d'enduire de poix de cordonnier les deux endroits aplatis avant de les appliquer l'un sur l'autre. On les fait tenir ensemble en y enfonçant de petites pointes, et, après cela, pour achever de consolider l'union de la gaule et du scion, il faut faire autour de la jointure une foule de tours avec du ligneul, pas trop gros, ou du gros fil en double et ciré.

. On peut faire des cannes encore meilleures et plus longues, parce qu'elles sont faites de trois pièces. La première s'appelle le pied de la canne. Il faut tâcher d'en trouver un de quatre mètres au plus. A la plus petite extrémité de ce pied de gaule, qu'on aplatit avec un couteau en forme de bec de flûte, on adapte une autre gaule moins grosse, mais aussi longue, s'il se peut; on enfonce à la jointure quelques petites pointes, et on la consolide avec du ligneul. Au bout de cette seconde gaule et de la même manière on adapte et on consolide avec du gros fil poissé un scion qui est moins long et menu; il peut être en coudrier, en orme, épine ou lilas.

1.

LA LIGNE

I! ne suffit pas d'avoir de belles et bonnes cannes, il faut avoir de bonnes lignes à mettre au bout. Mais de quelle matière doivent-elles être faites ? Quelles flottes ou bouchons, quels hameçons doivent-elles avoir? Je vais vous donner des détails sur tout cela.

Commençons par la ligne.

Les vieux et habiles pêcheurs trouvent à bon droit des défauts dans la plupart des lignes que vendent les marchands. Les lignes en crin de cheval sont très utiles, si elles ne sont pas faites de bouts de crin cordés et noués ensemble. Mais, me direz-vous, comment corder une ligne en crin de 4 à 5 mètres sans nœuds? Il existe chez les grands marchands de lignes, au moins à Paris, une petite machine pour corder ainsi des lignes de crin sans nœuds. Pour vous, chers lecteurs, qui ne pourriez pas ou ne voudriez pas acheter cette petite machine, écoutez-moi, voici à peu près ce que je faisais moi-même autrefois, et ce que vous pourrez tous faire facilement. Coupez de la longeur de la moitié d'un petit doigt deux gros tuyaux de plume d'oie, ou ce qui vaut autant ou même mieux, deux petits sureaux gros comme un crayon. Pour qu'ils se cassent moins vite, il sera bon de les sécher en les mettant à quelque distance du feu. Cordez avec vos doigts deux forts fils à coudre longs d'un décimètre 1/2 à peu près. Arrivés vers la fin de ces fils, vous passez chacun d'eux dans chacun de vos deux tuyaux en plume ou en sureau et, si votre ligne est destinée à pêcher de petits poissons, vous passerez deux crins de cheval dans chacun de vos tuyaux; vous y passez après deux petits bouts de bois pour y serrer les fils et les crins, mais pas trop fort, de manière qu'ils puissent avancer à mesure que vous avancerez en cordant. Vous attacherez à un clou, ou bien à un des boutons de votre habit, ou bien à une de vos boutonnières, le bout de la petite corde en fil que vous avez faite et vous pourrez corder vos crins ensemble, grâce à vos tuyaux, aussi facilement que vous avez cordé les fils avec vos doigts.

Quand vous arriverez vers la fin d'un de vos crins, vous tirez votre petit bois du tuyau, et vous y fourrez un autre crin et vous remettez après cela le petit bois et vous continuez à corder jusqu'à ce que vous arriviez vers la fin d'un autre crin, qu'il faudra rabouter de la même manière. Il faut avoir des crins d'inégale longeur pour n'avoir pas à les rabouter en même temps, car en ce cas la ligne pourrait se casser dans cet endroit.

Vous pourrez, en faisant tout ce que je viens de vous dire, et qui me semble bien facile à comprendre et à faire, vous corder sans nœuds une bonne et très utile ligne aussi longue que vous le voudrez. Une ligne de 4 à 5 mètres est suffisante, mais il vaut mieux la faire un peu plus longue. Si elle est trop longue, on peut facilement ne mettre que la longueur qu'on veut au bout de la perche sur laquelle on roule ce qu'il y aurait de trop long.

En arrivant vers la fin de la ligne qu'on corde, il faut enlever un des crins de chacun des petits tuyaux, et corder ensemble les deux crins restants de la longueur d'un mètre environ. Arrivé là il faut passer dans l'un des deux sureaux un boyau de vers-à-soie, qu'on appelle crin de Florence, et corder encore environ la moitié de la longueur d'un doigt. Vous enlevez vos deux tuyaux, et vous faites un nœud solide en cet endroit à votre ligne, ou ce qui vaudrait mieux encore, de peur que ce nœud n'effraye le poisson, vous pouvez avec de la soie cirée que vous tournez plusieurs fois autour de votre ligne, et que vous nouez dessus solidement après cela, l'empêcher de se décorder et empêcher le crin de Florence de s'en détacher. Au bout de ce crin de Florence, qui peut être de la force au dessous de la moyenne, (puisque votre ligne est destinée à pêcher de petits poissons) vous pouvez en lier un autre de la même force et de la même longueur. Il n'y a plus qu'à mettre un petit hameçon irlandais, un petit plomb et une petite flotte.

NOTA. — Pour empêcher les crins de Florence de se casser en les liant ensemble par un nœud double ou un nœud de tisserand, que tout le monde connait ou peut connaître, il faut auparavant les faire tremper dans l'eau environ une heure.

On peut, pour les petits poissons ou les poissons blancs, faire d'excellentes lignes tout en crins de Florence liés ainsi ensemble par des nœuds de tisserand, ou bien des lignes dont la moitié est en crins sans nœuds ou en soie ou en fils d'aloès, et le reste en crins de Florence liés à la suite les uns des autres. Pour faire une ligne toute en crin sans nœuds mais destinée à pêcher des poissons moyens, ou même des poissons d'une ou de deux livres, il faut mettre dans chacun des tuyaux au moins quatre crins de cheval. Quand on jugera la ligne assez longue, on passera dans un des tuyaux un crin de Florence plus fort que celui d'une ligne pour les petits poissons. On le consolidera fortement avec du fil léger de soie cirée ou poissée avec de la poix blanche de Bourgogne. Après qu'on aura tourné cette soie 6 à 8 fois autour de la ligne, et qu'on l'aura liée, on coupera tous les crins de cheval.

On fera bien de nouer un autre crin de Florence au bout de celui-là et un troisième crin au bout de ce second. Plus on mettra de ces crins de Florence au bout de la ligne, moins les poissons l'apercevront. Car les crins de Florence sont bien moins visibles dans l'eau que la ligne cordée, et plus ainsi on aura de chance de réussir.

Pour les lignes destinées à pêcher de belles carpes, j'engage fort à faire des lignes avec trois tuyaux, dans chacun desquels on mettra au moins trois crins de cheval. Arrivé à la fin de la ligne, on mettra dans un des tuyaux un crin de Florence de la plus forte espèce. Après qu'on aura encore cordé de la longueur d'un demi-doigt environ, on

enlevera les trois tuyaux et on consolidera fortement le crin de Florence et le bout de la ligne
avec du fil de soie ciré ou poissé avec de la poix
blanche de Bourgogne, comme je l'ai dit plus haut.
On fera bien d'ajouter un ou deux crins de Florence
au bout de celui-là.

Ceux qui ne pourraient se fabriquer ou trouver
à acheter des lignes sans nœuds en crin de cheval,
pourraient en acheter en soie ou en fil d'aloès
d'Amérique plus ou moins gros selon les poissons
qu'ils songeraient à pêcher. Si ce cordonnet n'était
pas monté en crin de Florence, ils pourraient facilement en attacher au bout de leur ligne en soie ou
en aloès, en faisant comme j'ai dit plus haut, ou
bien en l'y nouant et en consolidant le nœud par
du fil de soie ciré ou poissé. Pour les lignes destinées à pêcher le brochet, ce n'est pas au bout d'un
crin de Florence qu'il faut que l'hameçon soit attaché, mais au bout d'un fil de laiton ou d'une
corde de guittare, et l'hameçon doit avoir deux crochets. N'oubliez pas qu'il faut un émerillon. Il faut
craindre que ces hameçons à brochet n'aient des
crochets trop gros, qui ne s'accrocheraient pas si
bien dans la gueule osseuse du brochet que des
hameçons plus petits, qui descendent jusque dans
leur gorge ou leur ventre, et s'y accrochent facilement.

Ceux qui voudraient et pourraient avoir des
lignes entièrement en crins de Florence liés solidement à la suite les uns des autres, ce qui est fa-

cile, au moyen d'un nœud marin ou de tisserand, après les avoir fait tremper dans l'eau environ une heure, pourraient avoir à la pêche un succès mirobolant. Il faudrait que ces crins fussent plus ou moins forts, selon que l'on voudrait pêcher les petits, ou les moyens, ou les gros poissons.

Quand même il n'y aurait que la moitié de la ligne, ou même un tiers qui serait en crins de Florence et le reste en haut en crin de cheval ou en fil de soie ou d'aloès, on pourrait encore avoir un grand succès.

Autrefois les marchands de lignes en soie n'en vendaient que faites en soie cordée, qui avaient un vice capital, celui de se tordre dans l'eau, malgré les enduits variés dont on les recouvrait. Maintenant on fabrique de la soie tressée, qui a l'immense avantage de ne se point vriller dans l'eau. Si la soie tressée est chère, elle a l'avantage de durer fort longtemps.

Ecoutez, chers lecteurs, un procédé très avantageux pour peindre vos lignes, qu'elles soient en crin de cheval, en soie ou en fil d'aloès, ou même uniquement en crin de Florence.

C'est, je crois dans l'ouvrage de Charles Massas que je l'ai lu autrefois. Allez chez un droguiste ou chez un peintre, dites-lui que vous voudriez peindre vos lignes avec une mixture composée de blanc de céruse, d'huile siccative et d'une teinture verte, et priez-le de vous indiquer la dose

de chacune de ces trois choses, ou bien de vous
faire lui-même cette mixture.

Pour moi, je faisais cette mixture sans regarder
de près à la dose de chacun des trois ingrédients,
et puis, avec un morceau de basane ou même de
toile très serrée, j'en frottais bien toute ma ligne,
sans excepter même la flotte, les plombs et les
crins de Florence, je laissais ma ligne bien
frottée de la sorte une ou plusieurs fois sécher
au soleil. Elle avait ainsi l'avantage d'être presque couleur d'eau et de ne point se vriller et
d'être sèche tout de suite au sortir de l'élément
humide comme les plumes d'un canard.

Parlons maintenant des lignes dormantes destinées à prendre principalement et presque uniquement des anguilles, la nuit.

Lignes dormantes.

Chez les marchands, même des villes de la
province, on en trouve de fort bonnes en fil tressé
et tanné, et qui sont presque inusables.

Ces lignes ont un seul défaut, qui consiste en
ce que les hameçons sont grossièrement attachés
par un gros nœud. Je suis convaincu que bien des
fois il arrive que les anguilles, en sentant ce gros
nœud, lâchent le ver et se sauvent. Les hameçons

ont dans le haut un trou dans lequel est fait ce nœud grossier, ou bien ils ont une palette sur laquelle il est fait. — Ayez des hameçons non irlandais, mais anglais, d'où les anguilles une fois prises se détachent plus difficilement que des irlandais. Mais au lieu d'attacher votre hameçon par un nœud, ne l'attachez qu'avec de la soie poissée sur la petite ficelle que vous aplatissez auparavant avec un marteau. Ainsi aplatie vous la faites descendre de la largeur d'environ l'ongle d'un petit doigt sur le haut de l'hameçon, et vous l'y serrez fortement en tournant dessus votre soie poissée jusqu'au haut. Là vous nouez solidement votre soie. Mais remarquez qu'il vaut bien mieux que vos hameçons n'aient point de trou en haut ni même de palette, qui pique la bouche de l'anguille. La soie poissée le fera très bien tenir sans trou ni palette.

Au bout d'en bas de la ligne il faut attacher solidement une grosse pierre ou un morceau de fer pour empêcher les anguilles de tordre et de brouiller toute la ligne. Ces lignes ont un petit piquet terminé par une pointe en métal pour les attacher solidement au bord. — Il est à désirer que l'on ait un bateau pour les tendre, si l'on n'en a point, il est à souhaiter qu'on soit deux personnes, dont l'une tient la ligne par le bout d'en haut, pendant que l'autre la jette dans l'eau, en prenant garde que les amorces, les vers ou petits poissons ou autres amorces, par exemple, les entrailles de poisson ne se détachent des hameçons, ou que la pointe de l'hameçon ne se laisse voir. Je dirai, ici que si l'on veut empêcher les hameçons de se rouiller, il faut les faire frire dans du saindoux, après les avoir bien nettoyés.

FLOTTES DE LIGNE

Les flottes et les bouchons ont la même destination, qui est celle de soutenir la ligne à la surface de l'eau, ou de maintenir l'hameçon à la distance qui est nécessaire à la pêche que l'on fait. Il faut seulement observer que plus l'on met de plomb à la ligne, ce qui est toujours proportionné à la force du courant, plus il faut que le bouchon soit gros. En conséquence on se règle pour le choix de la flotte ou des bouchons, sur la pesanteur du plomb, de façon que la ligne étant dans l'eau, on aperçoive toujours l'extrémité supérieure de ces corps légers ; car c'est d'après les mouvements que l'on y remarque que l'on sait que les poissons attaquent l'amorce, dont l'hameçon est garni, et que l'on juge le moment favorable pour les piquer. On trouve chez les marchands d'ustensiles de pêche, des flottes ou des bouchons de toutes les formes et de toutes les couleurs.

Pour pêcher les petits poissons, tels que les ablettes, les goujons, il suffit de prendre la plume d'oie à deux coulants dont l'extrémité est teintée de vermillon, c'est le flotteur le plus sensible à l'attaque du poisson.

Si vous songez à pêcher des poissons un peu plus
forts, tels que les gardons ou dards, prenez une plume
d'oie ou de cygne, remplissez-la de cendre de liège
brûlé, et bouchez les deux trous des extrémités avec de
petits morceaux de liège. Vous pourrez pêcher dans
une eau rapide ou profonde. Car ce liège brûlé empê-
chera la plume de couler, quoique vous soyez obli-
gés de mettre deux plombs un peu pesants à cause
du courant rapide. Je pense que mes lecteurs se trouveront très bien comme moi de ces plumes rem-
plies de liège brûlé. Pour les gros poissons, carpes
etc., comme il faut de plus fortes lignes, il faut
aussi de plus gros bouchons. J'engage à en prendre en liège limé en rond, mais non peints avec
des couleurs scintillantes ou vives, qui ne font
qu'effrayer et éloigner les défiants poissons. Cela
n'aura pas lieu si l'on peint ces bouchons avec une
mixture faite d'un mélange de blanc de céruse,
d'huile siccative et d'une teinture verte, dont j'ai
conseillé de peindre toute la ligne. J'engage fort
mes lecteurs à se servir d'une espèce de bouchon
assez singulier, mais dont ils se trouveront très
bien, comme moi, qui l'avais inventé pour mon
usage. Coupez en morceau d'environ sept centimètres des joncs qu'on trouve dans beaucoup de rivières, liez ce morceau par les deux bouts, et
attachez-le à votre ligne avec du fil en ne serrant
pas trop fort, de manière à pouvoir donner plus ou
moins de fond à votre ligne. Ce seul brin de roseau
pourra sans couler supporter deux plombs assez

pesants mis en bas de la ligne, quand vous péchez dans des eaux rapides et profondes ; si vous vous aperceviez qu'un seul brin de roseau n'est pas suffisant, vous pourriez en lier solidement deux brins ensemble, ou même trois, si c'était nécessaire pour de très grosses carpes ou de très gros brochets. Une fois séchés ces bouchons en jonc ont l'avantage de n'effrayer nullement les poissons les plus méfiants, tels que les vieilles et rusées carpes, et ils troublent moins l'eau en y tombant, que les gros bouchons en liège ou en autre matière plus dure que le jonc.

Mettre le plomb a la ligne.

Observez que si vous mettez un seul morceau de plomb à votre ligne, vous ferez fuir les poissons, par la raison que cela fait du bruit et les épouvante.

Je sais que dans les livres de pêche on dit qu'il faut fendre les plombs de chasse jusqu'à la moitié, et les serrer sur la ligne avec des pinces.

En le serrant avec les dents on coupe bien souvent les crins ou le boyau de vers-à-soie, ce qui contrarie beaucoup, surtout si l'on est à la pêche. Je suis d'avis qu'au lieu de fendre le plomb jusqu'à la moitié, il vaut mieux aplatir le plomb avec un marteau et le rouler après, et le serrer avec ses doigts sur le boyau de vers-à-soie. Quand vous trouverez que votre ligne a trop de plomb, vous pourrez le dérouler, et en enlever facilement ce que vous jugerez à propos.

Il m'a semblé que le plomb ainsi roulé sur l'hameçon fait en tombant dans l'eau moins de bruit que le plomb fendu, et, si on le peint avec une mixture faite de blanc de céruse, d'huile siccative et d'une teinture verte, il sera à peu près couleur d'eau, et n'effraiera pas le poisson. On n'emploiera que du tout petit plomb de chasse pour les petites lignes, et du plomb plus fort pour les grosses lignes.

Pour ce qui est de la distance de l'hameçon à laquelle il faut attacher les plombs, mettez un premier plomb à environ 10 centimètres de l'hameçon et un autre à environ 18 centimètres. Si deux plombs ne suffisaient pas, à cause d'un courant très rapide, qui empêcherait la ligne d'aller au fond, on mettrait un troisième plomb entre les deux.

On peut, si on le veut, mettre deux boyaux, ou crins de Florence au bas d'une même ligne. En ce cas, on attache le second crin au plomb le plus près de l'hameçon d'en bas, en ayant soin que ce second boyau ne soit que de 7 ou 8 centimètres au plus, pour que son hameçon ne puisse se brouiller avec l'hameçon qui est à 10 centimètres plus bas que le second plomb. Il m'est arrivé bien des fois en pêchant ainsi, avec deux hameçons de prendre deux poissons du même coup, et surtout un jour deux belles perches qui mordirent toutes les deux ensemble aux deux loches vivantes, qui étaient attachées à mes deux hameçons. J'en pris maintes autres, cette fois là deux Messieurs de mon bourg, en me voyant arriver avec une belle pêche, dirent que j'avais des secrets pour si bien réussir .

Mon secret consistait à pêcher avec une fort belle ligne, dont une partie était toute en forts crins de Florence, et qui en avait deux en bas avec deux hameçons que je n'amorçais ce jour là qu'avec des loches, qui sont un excellent appât pour la féroce perche. Ma longue habitude de la pêche m'avait fait juger que l'endroit choisi pour pêcher la perche était excellent.

Je juge à propos de dire ici ce que j'ai l'habitude de faire, aussitôt que j'ai pris un poisson, je me hâte de le tuer en le perçant de la pointe de mon couteau. C'est ce que font les Hollandais, et c'est là la cause de la supériorité du poisson hollandais sur le nôtre, que les pêcheurs français ont l'habitude de laisser mourir au lieu de le tuer. Sachez donc, chers lecteurs, qu'un poisson qu'on laisse mourir est bien moins bon qu'un poisson tué, de même qu'un poulet crevé ne vaudra jamais un poulet tué.

Il y a plus de 20 ans que je lus dans un journal ce que je viens de vous dire, et je n'ai cessé de le faire depuis. Faites comme moi et vous mangerez d'excellent poisson.

Si vous laissez le poisson s'éteindre dans une lente agonie, cela fera sur l'économie animale l'effet d'une maladie; cela amollit les chairs et leur communique un principe de dissolution.

Tuez le poisson aussitôt qu'il est pris et il sera bien meilleur.

LIGNE MERVEILLEUSE POUR LA PERCHE SURTOUT.

Ceux de mes lecteurs, qui se feront une ligne comme je vais leur dire pourront prendre en abondance des poissons de maintes espèces, mais surtout des perches. Au bout d'une ligne cordée en crins ou en soie ou en fil d'aloès et longue d'au-moins quatre mètres, attachez de forts boyaux de vers-à-soie ou de Florence, bout à bout, par un nœud double, je vous ai déjà dit que pour que ces boyaux ne se cassent pas en les nouant, il faut les faire tremper dans l'eau environ une heure. Quand les boyaux de vers-à-soie attachés ensemble auront environ deux mètres, ce qui vous fera une ligne de 6 mètres, dont les quatre mètres du haut seront comme je l'ai dit, soit en crins cordés ou en soie, ou en aloès. Au bout du dernier boyau vous attachez solidement un hameçon irlandais qui n'aura au haut ni palette ni trou, mais sera pointu. Vous pourrez l'attacher très solidement sur le boyau au moyen d'un fil de soie poissé.

— A l'endroit, où ce boyau est noué à un autre boyau, vous attachez un crin de sanglier par son gros bout et vous le consolidez sur le boyau par de la soie poissée avec de la poix blanche de Bourgogne. (car la poix noire pourrait effrayer les poissons).

Au petit bout de crin de sanglier vous attachez un

hameçon irlandais. Plus haut, là où le second boyau de Florence est noué au troisième vous attachez pareillement un crin de sanglier, vous faites la même chose là où sont noués le troisième et le quatrième boyau, et puis là où sont noués le quatrième et le cinquième. Le crin de sanglier a l'avantage de ne pas se coller autour de la ligne comme celui de Florence.

Les hameçons que vous attachez à chaque bout de crin de sanglier seront des hameçons irlandais pas trop forts, dans les numéros huit à dix. Comme ces hameçons irlandais sont très solides, vous pouvez avec ceux de ces numéros prendre et ramener des perches de 1 à 2 kilogrammes.

Quant aux plombs, si l'on pêche dans un courant rapide, il faudra en mettre assez pour que la ligne, malgré le courant, puisse aller au fond. Si l'on pêche dans une eau tranquille, il suffira de rouler un plomb de chasse ordinaire, aplati à environ 12 centimètres de l'hameçon d'en bas, et un autre à 5 centimètres au dessus de ce premier plomb. Il faut jeter la ligne bien tranquillement pour ne pas faire fuir le poisson, la perche surtout.

J'engage fort à se servir comme flotte d'un bouchon en jonc séché, comme je l'ai expliqué, à l'article *flottes et hameçons*.

N'oubliez pas, chers lecteurs, si vous voulez faire merveille avec cette excellente ligne, de la bien frotter et teindre partout, excepté les hameçons, avec la mixture composée de blanc de céruse,

d'huile siccative et d'une teinture verte. Frottez en
même les plombs et les crins de sanglier, mais
surtout les boyaux de crin de Florence, dont
l'éclat, sans cela, effraierait la perche et les autres
poissons. Si l'eau est bien claire, il vaut beaucoup
mieux n'avoir aucune flotte ni bouchon. Cette espèce de ligne est surtout excellente pour prendre
des perches qui se prennent très bien aux vers
rouges qu'il faut renouveler souvent pour qu'ils
frétillent sans cesse. Après avoir descendu l'hameçon jusqu'au fond, il faut le remonter et le re-
descendre.

Les vers bariolés de fumier ou de terreau sont
excellents, quand on les a laissés près de huit jours
dans de la mousse sèche, puis pendant la nuit qui
précède la pêche, dans du son humide. Si l'on pêche
sans flotte, on sent à la tension de la ligne que la
perche tient le ver; et quand elle l'entraîne, il faut
la ferrer pas trop fort, car on pourrait lui déchirer
la bouche, et elle s'échapperait. En traînant derrière
soi dans un bateau la ligne aux 5 hameçons, dont
deux ou trois seraient amorcés avec de petits poissons et les autres avec des vers, on devrait faire
un grand carnage des gloutonnes et féroces perches
Si l'on amorce avec de petits poissons, il faut des
hameçons n° 6.

On devrait aussi en prendre beaucoup en se
cachant et laissant la ligne aux 5 hameçons tomber
doucement dans une écluse, ou du haut d'un pont
ou d'une éminence, ou bien aux endroits où l'eau

est arrêtée par une grosse racine ou une pierre.

D'habiles pêcheurs disent que le foie de chèvre attire de fort loin la perche. J'engage donc tous ceux qui pourraient se procurer du foie de chèvre ou de chevreau à en mettre à deux ou trois des cinq hameçons. Aux autres hameçons on peut mettre des vers rouges ou des vers bariolés trouvés dans du fumier ou du terreau, mais bien purgés dans de la mousse et après dans du son, comme je l'ai dit. On peut amorcer aussi avec une petite grenouille qu'on attache à l'hameçon, soit par les lèvres, soit par la peau du dos. Mais les petits poissons valent bien mieux comme amorces que les grenouilles.

On peut prendre beaucoup de petits poissons, surtout des vérons avec de grosses carafes faites exprès. Elles ont un trou dans le fond, et on bouche le haut avec un gros liège après y avoir introduit une poignée de son et un peu de mie de pain, qui attirent les poissons par le trou d'en bas dans la carafe, qu'on couche dans l'eau.

Mais il faut souvent renouveler l'eau dans le vase, où l'on a déposé ces petits poissons, ou bien l'eau se corromprait, et ils mourraient. Les pêcheurs ont différentes manières d'attacher le petit poisson à l'hameçon.

La meilleure est de traverser les chairs du dos sous la nageoire dorsale par l'une des branches de l'hameçon, si l'hameçon est double ; dans le cas où le pêcheur serait sûr de pouvoir toujours avoir à sa disposition de petits poissons vivants, je lui conseille fort de n'user que de ces hameçons doubles mais bien plus petits que ceux pour le brochet, qui a la gueule bien plus grande que la perche. Il est très utile de savoir les endroits que les perches aiment de préférence, et où il faut les pêcher. Or, voici ces endroits :

La perche se plaît autour des ponts, des biez, près des vannes des canaux, ainsi que dans les endroits profonds et obscurs de la rivière, et dans l'eau dormante, près des vannes et des endroits par où l'eau sort des étangs; elle aime aussi à être dans les endroits sablonneux d'un étang et près des bords qui sont couverts de joncs. Vous n'avez pas besoin de rester longtemps dans le même endroit, car s'il y a des perches, elles avaleront bientôt votre appât; ne quittez pas l'endroit, tant qu'elles continuent à mordre, et prenez garde de les faire fuir, si vous faites du bruit en jetant votre appât dans l'eau. Ne pas se hâter de les ferrer ou piquer, ne le faire que quand elles entraînent la ligne et sans précipitation, ou bien on risque fort de les voir se décrocher et s'enfuir.

Quand on sent qu'une grosse perche est prise, il faut la bien fatiguer dans l'eau avant de la mettre à terre. Un habile pêcheur était d'avis que les perches mordent assez bien à l'œil d'une perche qu'on vient de prendre, et qu'on a mis à un hameçon.

Il est avantageux de prendre le fond de l'eau, au

moyen d'un plomb en forme de dé, ayant au haut un petit anneau, auquel on attache l'hameçon avec du fil; on descend doucement ce plomb dans l'eau. On y descend après cela sa ligne à environ 20 à 30 centimètres du fond, si elle a une flotte ou un bouchon, autrement on pourrait la descendre jusqu'au fond, et la remonter jusqu'au dessus de l'eau, puis la descendre encore. Cela est propre à attirer l'attention de la perche, comme aussi celle du brochet. Craignant que les petits poissons vivants qui servent d'appâts ne leur échappent, ils se précipitent dessus. Un pêcheur (Kresz) prenait jusqu'à 40 à 50 perchettes en une heure avec une ligne en crin jusqu'à la flotte, et le reste en boyaux de vers-à-soie, un hameçon numéro 9 et un petit plomb, et avec de petits vers de terreau pour appât. C'est Kresz qui raconte cela dans son livre de pêche. Ceux qui ne tiendraient pas à prendre de grosses perches, pourraient essayer d'en faire autant que ce pêcheur, en employant les mêmes moyens. Quand on quitte un endroit, pour aller dans un autre, à moins qu'il ne soit tout proche, il faut mettre les petits poissons vivants attachés aux hameçons dans un vase d'eau, ou bien ils pourraient mourir en route. Laissez couler doucement votre ligne près des bords sans vous montrer, surtout là où il y a une grosse racine, ou une grosse pierre qui s'avance du bord dans l'eau. Cela m'a bien réussi. Si vous le pouvez, jetez votre ligne par dessus des joncs, ou bien au milieu, ou bien autour de ces joncs.

La pêche de la perche commence au mois de février, et continue jusqu'à l'hiver. Mais l'expérience nous a appris qu'elle ne mord plus guère après la fin d'octobre. Un temps orageux et noir, mais non pas froid, un vent soufflant du sud est le meilleur pour la pêche de ce poisson. Il mordra toute la journée, mais plus goulûment le matin et le soir, une ou deux heures avant la brune. Quand il fait bien chaud et que l'eau est bien claire, le seul temps favorable pour prendre des perches, c'est le matin et le soir. L'expérience me l'a prouvé. Au lieu d'un gros ver il vaut beaucoup mieux en mettre deux petits sur un hameçon en faisant ceci : Faites entrer la pointe de l'hameçon dans le premier ver par la tête, et faites le sortir par la queue ; puis faites-le monter au-dessus de la queue de l'hameçon, il faut pour mettre le second ver, faire entrer la pointe de l'hameçon un peu plus haut que la queue, et la faire sortir à moins d'un centimètre de la tête, puis faire descendre votre premier ver sur la queue de l'hameçon, qui en sera couverte, et l'appât sera complet. Ainsi faisait jadis M. Kresz. Dans les étangs et les eaux dormantes, si vous jetez de temps en temps une poignée de sable, vous ferez venir autour de vous les poissons, surtout s'il fait beau temps et un peu de vent ; et s'il survient un orage les perches prendront goulûment l'appât ; mais s'il n'y a ni vent ni pluie, le temps de prendre des perches est, en ce cas, je le répète, le matin de bonne heure et le soir tard. Quand l'eau n'est pas bien claire, il faut laisser tomber l'appât dans des trous, des tournants, des herbes, entre les racines et les branches des arbres, autour des pilotis des ponts et des vannes, des canaux et dans les remous de certains barrages qui foisonnent de perches. Quand l'eau est trop claire il vaut mieux pêcher sans flotte; elle fait peur aux poissons et les chasse, surtout les carpes et les truites. En faisant exactement tout ce que je viens de dire, on pourra prendre beaucoup de perches et d'autres poissons, surtout si c'est avec des vers que l'on pêche. On peut amorcer aussi avec des asticots, dont on met plusieurs à un même hameçon.

Quand on vient de manquer une perche dans un endroit, il faut y retendre de suite; elle est assez vorace et peu prévoyante pour y retourner le plus souvent. En février, il faut amorcer pour la perche avec des vers rouges, de la rate crue, de la viande de poisson mort, avec de petits poissons vifs, des pattes ou de la chair d'écrevisse. La perche se pêche, dit-on, au poisson artificiel et d'étain, à la cuiller et à l'hélice. On doit trouver de tout cela chez les grands marchands d'ustensiles de pêche.

Quand vous avez devant vous un ruisseau ou une rivière, qui n'est pas bien large, jetez votre hameçon sur l'autre bord, en le laissant tomber doucement au fond, puis faites-le remonter petit à petit sur la surface, et continuez à le faire descendre et remonter jusqu'à ce que vous l'ayez fait approcher du bord. Si la rivière est trop large pour qu'il vous soit possible de jeter l'appât sur l'autre bord, jetez-le au milieu, et, quand vous sentez mordre, ne piquez point; mais laissez courir le poisson un mètre ou plus, avant de l'arrêter : cette manière de pêcher est appelée rôder, parce que l'appât est jeté çà et là et que le pêcheur change souvent de place.

Je me suis bien étendu sur la pêche à la perche, parce que c'est un très bon poisson, qui se trouve dans presque toutes les rivières, et qu'on peut prendre en abondance, si l'on a ce qu'il faut, et si l'on sait bien s'y prendre.

PÊCHE AU BROCHET

Secret pour prendre des brochets jusqu'au milieu d'un grand étang, SANS QUITTER LE BORD.

A cause surtout de ces mots *sans quitter le bord* j'ai lieu de croire, chers lecteurs, que vous vous écrierez que cela vous paraît bien difficile, sinon impossible. Eh bien! écoutez comment cela peut se faire, non seulement pour le brochet, mais presque pour toutes sortes de poissons.

Il y a environ 25 ans, j'allai trouver un sabotier de mon voisinage, et je lui demandai s'il pourrait me faire un petit batelet, dont je lui donnai le plan approximativement. Il me dit qu'il me le ferait.

Il me fit en effet un petit batelet, qui était loin d'être un chef-d'œuvre d'élégance , mais il me réussit très bien.

Ce batelet pouvait avoir 30 centimètres de long sur 12 centimètres de large.

Il n'était même pas creusé (ce qui valait mieux) de peur que l'eau, entrant dedans, ne l'eût fait couler. Mais n'oubliez pas, si vous faisiez faire un semblable batelet, d'attacher en dessous une barre de plomb qui l'obligera, malgré un grand vent, à se tenir toujours debout, sans se renverser. Le sabotier avait fait un trou en dessus du batelet à environ 10 centimètres du haut. Dans ce trou j'enfonçai un bois qui pouvait avoir environ 20 centimètres de hauteur. A quelques centimètres du haut de ce bois j'attachai solidement un autre bois de manière à former une croix pour y faire tenir une voile en toile. Cette toile était attachée au bas à un autre bois dont les deux bouts touchaient aux deux bords du batelet, et je l'y attachai à des clous que j'y avais enfoncés.

Voilà, autant que je puis m'en souvenir, comment était fait et gréé mon petit batelet.

Je l'essayai dans un étang assez large, et je fus très heureux de voir qu'il n'était pas besoin de beaucoup de vent pour l'envoyer jusqu'au milieu de l'étang.

Je l'y fis parvenir, traînant à sa suite une longue ficelle sur laquelle pendaient d'autres petites ficelles, et au bout de chacune il y avait un hameçon, amorcé pour la carpe et pour l'anguille. Car il n'y avait pas de brochets dans cet étang. On peut amorcer avec des vers et autres appâts convenant à tous les poissons. Ces petites ficelles étaient à environ 12 à 15 centimètres les unes des autres. A peu près à la même distance j'avais attaché sur cette grande ficelle des liéges pour l'empêcher d'aller au fond.

Ces petites ficelles, y compris le crin de Florence, peuvent avoir 40 centimètres et même plus.

Voyant que j'avais réussi, par ce moyen, à prendre de belles carpes et de belles anguilles, je résolus d'aller essayer de prendre des brochets dans un autre étang bien plus grand, et où il y en avait beaucoup. Cette fois ce ne fut pas avec le même batelet, mais avec un autre un peu meilleur que je me rendis près de cet étang avec des ficelles, au bout desquelles il y avait des hameçons à brochet. J'emportai aussi des poissons vivants pris la veille dans une louve. Quand je fus descendu de la voiture, qui m'avait apporté avec tout mon attirail de pêche, j'attachai mes poissons aux hameçons, et je lançai dans l'étang mon petit batelet, que le vent y emporta bientôt assez loin.

Je ne fus pas bien longtemps sans m'apercevoir qu'un brochet s'était accroché à l'un de mes hameçons, je tirai sur ma grande ficelle pour le jeter sur le bord et je relançai mon batelet.

Ce qu'il y a d'agréable à cette sorte de pêche, c'est qu'une fois que le petit batelet est rendu à son poste, et qu'on a attaché solidement la ficelle au bord, on peut se promener, ou s'amuser à lire son journal ou bien à causer avec ses compagnons, si l'on en a, et l'on peut être sûr que les brochets pris se chargeront bien eux-mêmes de vous le faire savoir.

Et, en effet, pendant que je passais le temps à faire je ne sais plus quoi, j'entendis un second brochet, qui se débattait comme un diable dans un bénitier.

Après l'avoir attiré à moi, comme le premier, de plus en plus joyeux de mes succès, je relançai une troisième fois mon bateau.

Au bout d'un certain temps j'entendis encore un tapage infernal, j'attirai à moi le tapageur, et je relançai mon batelet pour la dernière fois. Car mon voiturier, qui était allé à la ville voisine, revint me dire d'interrompre mes succès.

Il fallut me résoudre à m'en retourner avec mes trois brochets d'assez jolie taille d'ailleurs. Ce que je fis en ce jour, chacun de vous, chers lecteurs, pourra le faire avec le même succès. Si vous voulez prendre, au lieu de brochets, des poissons de toute autre espèce, au milieu d'un grand étang où il n'y aurait pas de brochets, il suffira de mettre sur votre grande ficelle de petites ficelles avec des hameçons et des amorces convenant aux poissons que vous désirerez prendre.

Les petites ficelles attachées sur la grande pourraient avoir les unes 30, les autres 40 centimètres, et plus. J'ai lieu de croire que ce secret, quand même il n'y en aurait pas d'autres dans mon petit livre, suffirait pour vous empêcher de regretter de l'avoir acheté. Vous pourrez facilement vous faire faire un petit batelet comme celui dont je vous ai donné la description, en vous adressant pour cela, soit à un sabotier ou à un menuisier, ou bien acheter à un grand bazar de la ville voisine ou bien à un bazar de Paris. Dans tous les grands bazars on vend de petits batelets.

Il suffira, si le batelet n'avait pas une barre de plomb en dessous, de lui en mettre une.

Je sais qu'on trouve au grand bazar de MM. Benoît et Louradour, boulevard Denain, n° 1 (Paris) des batelets à 7, 10, 18 fr. et à 50 fr. Ce dernier est à vapeur. On peut s'adresser à ces Messieurs.

Quant à la longueur des petites ficelles attachées sur la grande, si vous connaissiez à peu près la profondeur de l'étang il faut donner à vos petites ficelles la moitié environ de cette profondeur. Si vous ne la connaissez pas, donnez-leur environ 50 centimètres. Craindre de leur donner trop de longueur, car les yeux du brochet étant au-dessus de sa tête, il ne peut voir au-dessous de lui. Voici encore deux moyens amusants pour prendre, sans quitter le bord, des brochets jusqu'au milieu d'un grand étang.

Procurez-vous 6 à 8 vessies de mouton ou d'une autre bête, bien gonflées et hermétiquement fermées, attachez sous chacune d'elles une forte ficelle de la moitié de la profondeur de l'eau où vous désirez pêcher; attachez à cette ficelle un hameçon à double crochet pas trop gros, et amorcez-le avec un petit poisson vivant, en y passant l'un des crochets dans l'épine dorsale.

Mettez-les le soir à l'eau, et venez les voir le lendemain matin. Si vous voyez une vessie monter et descendre, vous êtes certains qu'il y a un brochet de pris.

Comme il y a presque toujours un peu de vent au milieu des grands étangs, il ne manquera pas d'amener les vessies au bord. En ce cas, au moyen d'une longue perche, il vous sera facile d'amener à vous la vessie, si surtout vous aviez le soir attaché à la vessie une ficelle d'environ un mètre et demi, et au bout de cette ficelle un gros liège. Si votre perche n'était pas assez longue, il suffirait d'y attacher une ficelle de la même longueur qu'elle, et au bout de cette ficelle un morceau de plomb, ou bien une petite pierre.

Vous jetteriez ce plomb ou cette pierre au-delà de la ficelle attachée à la vessie et améneriez ainsi facilement à vous la vessie et le brochet.

On peut ainsi aller le chercher avec un petit bâteau, ou bien à la nage, s'il ne venait pas assez près du bord. Souvent il sera mort avant le jour.

Ceux qui ne pourraient se procurer des vessies, pourraient les remplacer par de gros morceaux de liège plats, ronds et larges à peu près comme la main. Si l'on attachait un petit linge rouge sur ce

liège, cela servirait à le retrouver plus facilement
le matin.

Si l'on attache le soir à des branches, qui sont
près des bords, des lignes amorcées avec un petit
poisson vivant, on aurait beaucoup de chance d'y
trouver le matin des brochets pris.

Je ne puis pas me rappeler qui m'a appris ce secret.

Si vous pêchez le brochet avec une canne à pêche
et une ligne, rappelez-vous que les brochets se
plaisent beaucoup dans l'eau dormante, qui se
trouve à côté d'un courant rapide, près des remous
paresseux, des eaux amorties, des grandes touffes
de roseaux et dans les endroits où il y a beaucoup
d'herbes ; quand vous trouvez une ouverture dans
les herbes, laissez-y tomber avec soin votre appât
jusqu'au fond; faites le remonter jusqu'à ce qu'il
soit près de la surface de l'eau, laissez le descendre
encore, répétez cela, et tirez un peu à gauche et à
droite, retirez-vous un peu en arrière et faites approcher l'appât du bord..... Si rien ne mord,
allez ailleurs...

Quand vous trouvez des joncs serrés, jetez votre
ligne par dessus. Quand vous voyez des herbes qui
pendent du bord sur l'eau, jetez là votre ligne.
Quand le brochet mord, si l'on se hâte trop de le
piquer, on le manque très souvent; il faut donc lui
lâcher de la ficelle avec le moulinet, si la ligne en a
un, ce qui est fort à désirer.

Il ne faut pas piquer trop fort. Si l'on n'avait pas

de petits poissons, on pourrait amorcer avec une grenouille en passant l'hameçon entre la peau du dos.

Vous prendriez infailliblement un brochet, si vous lui jetiez là où vous le voyez chasser une cuillère, et si vous la rameniez vers vous avec le moulinet, il se précipiterait dessus.

On peut aussi se servir d'un rat ou d'une souris, ou d'un canard nouvellement éclos et auquel on lie un hameçon sous les ailes. Kresz raconte qu'il prit ainsi un gros brochet.

Le brochet sera bien meilleur et plus goûté, si vous le tuez au sortir de l'eau avec la pointe d'un couteau ou d'un poinçon, et si, après lui avoir enlevé les entrailles, vous y mettez une poignée de sel et le laissez environ 10 heures égoutter avant de le cuire.

NOTA. Pour empêcher le corps de la ligne de couler au fond, au risque de s'y accrocher aux herbes et aux racines, et pour empêcher la grosse flotte de se rapprocher du bord, il faut mettre entre cette flotte et le bout de la perche de petites flottes supplémentaires, trois environ, et à une certaine distance les unes des autres, trois petits bouts de jonc suffiront, si vous les attachez sur la ligne.

Un bouchon de liège coupé en trois rouelles pourra aussi vous fournir ces trois petites flottes supplémentaires. Si vous fendez chacune d'elles un peu de biais jusqu'au milieu, vous pourrez y passer la ligne et les y faire tenir ainsi. Si vous pêchez avec plusieurs lignes à la fois, vous pouvez attacher au bas de la perche un petit piquet bien pointu que vous enfoncez sur le bord. Les marchands de pêche vendent de ces petits piquets au moins pour les lignes dormantes. Le temps le plus favorable pour pêcher le brochet à la ligne, est le mois d'octobre ; on commence en septembre et on finit en novembre.

Mais depuis février jusqu'à l'hiver on peut le pêcher. Quand le vent est au midi et le temps doux, la pêche est bonne, le brochet s'agite, mord et chasse ; mais si le vent tourne au nord, le brochet est au fond, il ne mord pas.

Avant de parler de la pêche des autres poissons, je juge à propos de parler ici d'une foule d'appâts et de recettes très utiles pour faire des pêches merveilleuses.

Il y en a parmi ces appâts et ces recettes qui conviennent à presque tous les poissons, d'autres qui ne conviennent qu'à certains poissons.

RECETTES DIVERSES

Voici d'abord une recette, qui convient à presque tous les poissons, à la carpe surtout et aux gardons. Il y a longtemps que je l'ai lue dans un journal.

Prenez une pomme de terre cuite dans un jus gras, mêlez-la bien avec de la mie de pain frais, ajoutez-y un demi-verre à liqueur d'anis, pétrissez bien tout cela ; tous les poissons y mordront, si vous en faites de petites boulettes en forme d'olives avec lesquelles vous cachez entièrement votre hameçon, qui doit être plus ou moins gros, selon que vous voulez prendre des carpes ou des poissons blancs plus petits.

D'après ce que m'ont dit un pharmacien et un autre homme, on peut attirer les poissons en foule dans un endroit, où l'on veut pêcher, si l'on plante dans l'eau un bâton frotté avec de la civette, qui a une forte odeur et qui ne se dissout pas dans l'eau : Un bâton pelé en aune, c'est ce qu'il y a de meilleur pour cela.

Si l'on ne pouvait aller le planter dans l'eau, il suffirait d'attacher à un de ses bouts une grosse pierre et à l'autre bout un gros liège ou plusieurs petits lièges pour le faire se tenir debout dans l'eau.

En jetant l'épervier ou un carrelet, ou bien en tendant des verveux, ou des louves, ou des lignes près de ce bâton, on y prendrait les poissons attirés en foule par la forte et agréable odeur de la civette.

On attire aussi les poissons, si l'on met dans un panier ou dans un sac à mailles un peu serrées du crottin de cheval ensanglanté et du son et du pain de chènevis. On tâche de maintenir entre deux eaux ce sac, attaché avec une ficelle placée au bout d'une perche couchée horizontalement sur l'eau.

On attache des lièges au bout de cette perche pour la soutenir sur l'eau.

Quand on veut pêcher des poissons blancs, pour les attirer dans l'endroit où l'on se place, on jette de temps en temps à l'eau une poignée de vers de viande, en ayant soin de les éparpiller, et de ne pas les réunir dans un seul tas. Pour prendre des gardons, des barbeaux, des goujons, des brèmes et des éperlans on mêle ces vers avec de la terre grasse, que l'on trouve communément sur les bords des rivières, on y ajoute du crottin de cheval ; on fait de ce mélange des pelotes grosses comme le poing, qu'on laisse descendre au fond de l'eau dans l'endroit où l'on veut attirer le poisson. S'il y avait du courant, on mettrait une pierre dans la pelote pour l'empêcher d'être entraînée.

Pendant les grandes chaleurs, on amorce avec du fromage de Gruyère pour prendre des barbeaux.

On peut encore attirer beaucoup de poissons dans un même endroit avec un appât composé de deux livres de blé, une livre d'orge et une demi-livre de chènevis ; on fait bien cuire le tout ensemble, on amorce à différentes places, et on peut pêcher avec confiance à la ligne ou aux filets (éperviers, carrelet, verveux etc.) dans les endroits où l'on a jeté cet appât.

Dans les grandes chaleurs, pour empêcher le blé de contracter un goût aigre, on peut y ajouter une poignée de gros sel. Cet appât réussit également dans les étangs, et peut être employé pour attirer la carpe, en y ajoutant une quantité de fèves que l'on fait tremper à l'avance pour les rendre plus tendres, après qu'elles seront cuites.

Mêlez du son et de la terre grasse, faites des

boules à peu près de la grosseur d'une pomme, mettez-y une forte pincée d'asticots et enfermez-les avec soin dans la terre grasse. Cette amorce attire beaucoup les carpes, les vandoises et les gardons surtout dans les étangs et l'eau dormante. — On peut remplacer les asticots par des vers, dont on laisse paraître une partie en dehors de la boule, ce qui en toute probabilité, attirera autour toute espèce de poissons. On aura donc du succès en y jetant son hameçon ou des filets...

L'appât le plus certain pour attirer le poisson et surtout la truite, qui se plaît beaucoup dans les eaux de neige fondue, qui découlent des montagnes, consiste à faire bouillir dans l'eau 3 ou 4 livres d'avoine. On la jette toute chaude encore dans les endroits où vivent les truites parmi les gorges des montagnes. Le poisson, attiré par cette odeur de vanille, que répand cette avoine bouillie, accourt pour s'emparer de cet aliment et devient ainsi plus facilement la proie du pêcheur; cet appât attire aussi les autres poissons.

Des pommes de terre cuites, écrasées et mêlées avec du son sont une excellente amorce pour le gardon et la carpe dans une eau dormante. On en fait des boulettes grosses comme une noix et on les jette dans les endroits où l'on compte venir pêcher le lendemain ou quelques heures après les avoir jetées dans l'eau.

On peut jeter par poignées de l'asticot dans les étangs, l'eau dormante des lacs ou des rivières, mais cela ne se peut pas dans les courants, qui entraînent l'appât loin de l'endroit, où vous êtes décidé à pêcher.

Si vous mêlez votre asticot avec du son humide et du sable, toutes les fois que vous en jetterez dans l'eau, vous assurerez votre succès. On peut se servir de la même manière comme amorces de fond pour les courants, de vers coupés en morceaux ; il serait bon d'en faire des boules mêlées avec du son et de la terre.

Le sang caillé et les débris de tuerie sont les meilleurs appâts connus pour les chevannes. On les descend au fond de l'eau dans un sac de filet très serré avec une forte pierre dedans, pour que le courant ne l'emporte pas.

La viande de poisson mort coupée sur les côtes est une bonne amorce pour le barbillon, la truite, la perche et le brochet.

Le véron vivant ou mort est bon pour la truite. La morue dessalée est bonne pour le dard de fond. La viande de bœuf, dite flanchet, est bonne pour le brochet et la perche. Il en est de même de la viande de veau et de la rate crue ou cuite. La cervelle de veau crue est bonne pour les dards.

Les fèves cuites et le chènevis cuit sont de bons appâts pour les carpes, les brêmes et les tanches.

Le concombre et le sang caillé sont bons pour le dard ; le fromage de Gruyère est bon pour le dard de fond ; le ver blanc à queue est bon pour tous les poissons. On le trouve dans les étables et les latrines. On l'enferre par la queue. Différentes chenilles sans poil et les sauterelles sont bonnes pour les dards. On conserve les vers de terre dans de la terre entretenue humide, mais jamais mouillée. Avant de s'en servir, on les met à se purger pendant huit jours dans un sac ou dans un vase quelconque rempli de mousse mêlée de lavande, de thym, de persil, de serpolet, marjolaine et d'ail haché menu. La nuit qui précède la pêche, on les met dans du son humide, dont ils se remplissent. La carpe surtout en est très friande. — Un pêcheur m'indiqua un jour comme excellente pour la carpe une galette faite avec de la farine de blé noir, autrement dit sarrasin, du miel et du goudron. Il faudrait la démêler avec une infusion de lavande, de thym, de serpolet, de marjolaine. On y mêle très peu de musc et de l'aloès bien écrasé. Il faudrait la cuire sur ce qu'on appelle en Bretagne un galettier, et à son défaut sur une grande poêle grasse dans un carré en bois, qu'on remplit de cette farine bien démêlée auparavant.

On met sur ce petit carré un battoir et un gros poids sur ce battoir. C'est afin de forcer la galette à se serrer bien. Pour faire ce petit carré on pourrait couper une grande règle à régler le papier en quatre parties bien égales, et les attacher solidement ensemble aux quatre coins du carré avec de petites pointes.

En jetant le soir d'avant la pêche de petits morceaux de cette galette dans les endroits où l'on voudrait pêcher le lendemain, on pourra y prendre des carpes magnifiques. On en met à l'hameçon de petits morceaux gros comme une grosse noisette, et on se sert d'hameçons irlandais forts. Mais ceux des numéros 6 ou 7 seraient suffisants, même pour une grosse carpe.

Voici un moyen facile de se procurer des vers blancs : Formez une pâte avec du levain de farine d'orge, mêlez ce mélange avec du son et du crottin de cheval dans un vase convenable. Au bout de trois jours, si le temps est beau, il y naîtra une multitude de vers dont vous vous servirez avec grand succès, surtout pour pêcher le dard.

Quelqu'un m'apprit autrefois, qu'en faisant tremper les vers dans le suc ou dans l'eau de la vigne, qu'on fait couler en y faisant une incision, on rend ces vers excellents pour prendre du poisson.

Il paraît aussi qu'il est utile de frotter les vers avec de l'eau de Cologne ou de la térébenthine, et le bas de la ligne et l'hameçon, avec de l'huile d'aspic ou de la civette.

On vante, comme amorce, une pâte faite avec de la mie de pain, du miel et un peu d'assa-fœtida (qui se trouve chez les pharmaciens).

J'ai oublié de dire que quand on pêche, avec du sang caillé, ou du blé bouilli, ou du fromage mou, ou bien un autre appât semblabe, il faut ferrer ou piquer le poisson aussitôt qu'il mord, ou bien on ne le ferre que trop tard et inutilement. Si l'on se sert de fromage un peu dur, ne ferrer que quand le poisson entraine la ligne.

TEMPS BON OU MAUVAIS POUR LA PÊCHE.

Quand les vents sont Sud, Sud-Est et Sud-Ouest, quand les hirondelles volent bas, c'est un temps excellent. Si le vent est Sud-Ouest, le temps clair et chaud, on réussit très bien le matin et le soir, mais mal dans le jour; si le vent est bas et couvert, la pêche sera bonne; elle sera très bonne si le vent tourne au Sud ou Sud-Ouest, et si le temps est orageux, et si les amorces n'ont point été négligées. Quand le vent suit le courant et qu'il souffle un peu, on l'appelle temps de bec, parce que le poisson tournant toujours la tête au courant, il lui devient désagréable, il cesse de voyager, plonge et ne mord pas. Quand le vent remonte le courant, le poisson, qui remonte presque toujours, monte et mange.

Il faut consulter sa girouette, ou jeter quelque chose de léger en l'air, pour savoir où va le vent. Dans les grandes chaleurs tout le poisson se retire entre les herbes, il s'en nourrit et est très difficile à prendre, sinon, comme je l'ai déjà dit, le matin et le soir.

Dans les grandes chaleurs, l'expérience m'a appris que si l'on pêche dans un endroit découvert, le poisson ne mord pas; mais sous un grand arbre dont les branches ombrageaient l'eau, quoique ce fût vis-à-vis le soleil, j'ai pris jadis beaucoup de poissons avec de la simple pâte faite uniquement avec de la farine que je démêlais jusqu'à ce qu'elle fût consistante comme du mastic de vitrier.

J'avais deux crins de Florence et deux hameçons, me semble-t-il, à ma ligne, et quand j'avais entièrement couvert mes hameçons de cette pâte mise en boulettes, les poissons qui n'apercevaient que cette pâte mordaient comme des enragés.

En employant des boulettes faites avec des pommes de terre cuites dans un jus gras, et bien pétries avec de la mie de pain et un demi-verre à liqueur d'anis, l'excellente odeur devrait attirer tous les poissons, les carpes surtout.

Dans le milieu du jour, par un temps chaud et clair, ne pêchez donc qu'à l'ombre des arbres.

Là où il n'y a aucun arbre pour se cacher à la vue du poisson, il me semble qu'on pourrait remédier à ce grave inconvénient, si l'on pouvait faire une longue et large bannière sur une perche qui aurait au bout d'en bas une pointe en métal pour l'enfoncer dans la terre. On pourrait se servir pour faire cette longue bannière de fort papier cendré d'emballage ou de toile grise. On se cacherait derrière pour ne pas être aperçu par les timides poissons. On surveille sa ligne par deux trous faits dans la bannière.

LIGNES DORMANTES.

Chez les marchands d'ustensiles de pêche et notamment chez M. Moriceau, 82, rue de Rivoli, à Paris on trouve de bonnes lignes dormantes en fil tressé et tanné, qui durent fort longtemps.

J'en ai acheté chez ce monsieur, il y a plus de 20 ans, et qui ne sont nullement usées. Elles m'ont bien réussi. Mais comme cette ligne, qui a une grande longueur, n'a que 6 hameçons, j'en ai ajouté plusieurs autres, et comme les hameçons de ces lignes sont ordinairement attachés par un nœud, j'engage fort à défaire ce nœud, et après qu'on aura aplati le bout de la ficelle, à coups de marteau, on y attachera l'hameçon solidement avec de la soie poissée.

Les meilleures amorces pour prendre des anguilles à la ligne dormante, ce sont de petits poissons vivants, des brochets surtout, ou des vérons. Il y a plusieurs manières de les attacher à l'hameçon. On peut passer l'hameçon par le bec, et le faire ressortir sous les ouïes (ou oreilles du poisson). On peut faire entrer l'hameçon par les ouïes dans la bouche du petit poisson, et attacher la queue de ce petit poisson sur la ficelle un peu au dessus de la queue de l'hameçon. On peut, et c'est ce qui vaut le mieux, passer l'hameçon dans la chair du dos du petit poisson, l'faire d'arrière en l'ère la tuera moins vite que les deux autres. Si on lui coupe une des nageoires antérieures, il nage de manière à attirer les anguilles.

En certains endroits il est quelquefois très difficile de se procurer de petits poissons; en ce cas il faut ramasser des grenouilles vivantes. Il est facile le matin de trouver de petites grenouilles de rosée.

On peut les conserver vivantes, en les mettant dans un vase plein d'herbe fraîche, qu'on couvre pour les empêcher de s'échapper. La meilleure manière d'accrocher une grenouille à l'hameçon c'est de le passer entre la peau et la chair du dos.

On **peut** prendre des anguilles avec du lard.

PÊCHE AVEC DES LOUVES APPELÉES AUSSI TAMBOURS, AVEC DES VERVEUX ET AUTRES FILETS.

Si l'on avait des poissons vivants à mettre dans une louve ou un verveux, ils y attireraient ceux de leur espèce.

J'ai pris beaucoup de poissons blancs en mettant simplement des coques d'œufs. Il paraît qu'on y attirerait beaucoup de poissons, si l'on suspendait au milieu une bouteille contenant des vers luisants ou bien du phosphore, ou bien un sac à mailles serrées et plein de crottin de cheval et de son ensanglanté.

On aurait aussi un grand succès, si l'on suspen-

dait de ces petites bouteilles dans l'eau à une perche, vis-à-vis de l'endroit où l'on pêche à la ligne.

Comme le poisson remonte le courant, au lieu de
le suivre, il vaut mieux, quand on tend un verveux ou tout autre instrument, n'ayant qu'une ouverture, tourner cette ouverture à l'opposé du
courant

NOTA. Si l'on trempe ses filets de pêche pendant 48 heures dans une infusion chaude de tan de
chêne moulu et bouilli pendant 2 heures, les filets
et les lignes ainsi trempés et séchés après durent
six fois plus longtemps.

Des entrailles de lapin et du sang caillé attirent
les tanches dans les nasses et les louves.

DES DIFFÉRENTES PÊCHES A LA LIGNE.

Je juge bon de parler ici de quelques choses que
j'ai oubliées, et de faire quelques observations
applicables aux différentes pêches à la ligne, et dont
la pratique la plus exacte a démontré l'utilité.

Pour se procurer des vers de terre on les cherche dans les jardins sous les pots à fleurs, où il y
de l'humidité, ou bien l'on se transporte dans un
pré un peu frais, et, ayant enfoncé un piquet en
terre, on le tourne dans le trou de manière à faire
décrire un cercle au bout que l'on tient dans la
main.

J'ai souvent employé ce procédé avec succès.

Voici le moyen qu'indique M. Léon Reymond pour se procurer des vers de terre en grande quantité.

Placez, dit-il, dans un coin de votre jardin un tombereau ou deux de terre mélangée avec du fumier en parties égales; arrosez de temps en temps ce mélange, surtout par les temps secs. Vous aurez, au bout de peu de temps, un inépuisable magasin d'amorces, se renouvelant de lui-même, et, en quelques coups de bêche, vous récolterez tous les vers qui vous seront nécessaires.

A défaut de terreau, on pourrait, dit-il, se servir de terre ordinaire qu'on retournerait avec du fumier.

On fait aussi sortir les vers de la terre, en la foulant avec les pieds, ou bien en la frappant avec une batte.

On en ramasse encore une bonne quantité, en répandant aux endroits, où de petits trous indiquent leur présence, de l'eau salée, ou une forte décoction de feuilles de noyer. Comme pendant la nuit, ils quittent leurs trous pour venir à la surface de la terre, on peut les ramasser en s'éclairant avec une lanterne ; on en trouve davantage après une petite pluie. Les vers de fumier et de terreau sont très bons, surtout pour la perche.

Se rappeler ce que j'ai dit sur la manière de conserver huit jours les vers dans de la mousse et de leur faire passer la nuit qui précède la pêche dans du son humide.

Il est utile de renouveler tous les 3 ou 4 jours la

mousse, ou bien il faut la bien laver et la presser fortement entre les mains, et la remettre sur les vers.

La meilleure mousse est le lichen fluviatile, que l'on trouve sur les pierres dans les ruisseaux. Un autre excellent moyen pour conserver pendant près d'un mois des vers de terre consiste à laver parfaitement un morceau de grosse toile à sac, et, après l'avoir fait sécher, à le tremper dans du bouillon de bœuf; après avoir tendu légèrement cette toile, on y dépose les vers, et on les place ensuite dans un vase de terre; il faudrait renouveler tous les jours cette opération.

On trouve les vers de marécage dans les terres grasses; on trouve les petits vers rouges sur les bords des ruisseaux fangeux et dans le terreau, et les vers à queue dans les latrines, les étables et los égouts.

On pêche aussi avec des sauterelles vertes et grises, des grillons, dits cris-cris, des hannetons, de grosses mouches noires, des limaçons et des moules de rivière dépouillées de leurs coquilles; c'est surtout pour prendre des anguilles à la ligne dormante.

On pourrait prendre beaucoup de dards, etc., en mettant à une ligne sans flotte et sans plomb une de ces grosses mouches qu'on trouve sur les vaches, et qui sont de couleur de tan.

Pate douce pour la carpe, la chevanne, la tanche et le gardon.

Prenez la mie d'un petit pain ou un morceau de la même grosseur de tout autre pain cuit dans la journée, trempez-la dans du miel ou (si vous n'avez pas de miel) dans de l'eau bien sucrée, pétrissez bien cette pâte. Un vieux pêcheur disait qu'il n'avait pas trouvé d'appât plus meurtrier pour la carpe dans le mois de juillet, d'août et les suivants.

La tanche, la chevanne et le gardon l'aiment aussi beaucoup. Vous prendrez avec cet appât de gros gardons, qui en auront refusé tout autre.

Il faut en jeter de temps en temps près de son hameçon de petits morceaux.

Écoutez, chers lecteurs, quelques avis profitables.

Si vous voulez pêcher à la ligne de fond, il faut faire descendre au fond de l'eau une petite sonde et l'y promener un peu pour vous assurer si le fond est uni, sans herbes, sans mottes, sans pieux ou autres obstacles, qui pourraient arrêter l'hameçon, ou servir de retraite aux poissons; vous y ferez descendre votre hameçon à environ 5 centimètres du fond. Vous amorcerez la place avec des appâts convenant à la pêche que vous vous proposez de faire, en observant que si l'eau est rapide, il faut y faire descendre doucement une pelote de terre grasse garnie de vers.

N'oubliez pas de garder le plus grand silence même avec les pieds. Quand le temps est à l'orage, le poisson fréquente les bords, par un vent frais il se retire dans les trous ou cavités; s'il tombe de la manne, espèce de petit papillon jaune dont le poisson est très friand, il quitte le fond pour venir le chercher.

Vous pouvez prendre beaucoup de poissons blancs avec une mouche noire artificielle imitant très bien la mouche ordinaire. Vous en prendrez aussi beaucoup si, péchant dans une eau vive, courante et peu profonde, vous amorcez votre petit hameçon avec des vers de viande, et si vous en jetez de temps en temps au-dessus de l'endroit où vous péchez pour y attirer le poisson.

On ramène à chaque instant sa ligne que le courant entraîne. Il faut piquer vivement à la moindre attaque. — J'engage fort à faire sécher les lignes à la fin de la pêche, autrement elles pourriraient vite, à moins qu'on ne les ait teinturées avec une matière faite d'huile siccative, de blanc de céruse et d'une teinture verte, comme je l'ai dit précédemment.

Je vais parler maintenant de la pêche de chaque poisson en particulier.

Pêche de la carpe.

Je commence par dire que quand on pêche la carpe et d'autres gros poissons, si l'on ne veut pas s'exposer à les manquer en les tirant de l'eau, il faut avoir une épuisette, et la mettre toujours à la tête et non à la queue du poisson.

A l'article appâts, auquel je renvoie mes lecteurs, j'en ai indiqué beaucoup d'excellents pour la carpe. Ceux des appâts où il entre des odeurs ou matières odoriférantes sont excellents pour attirer les carpes.

Mais j'en ai pris beaucoup avec de la simple mie de pain frais, que je mâchais dans ma bouche ni trop, ni trop peu, et que je pétrissais dans ma main, après quoi j'en couvrais entièrement mon hameçon sur lequel cet appât tenait assez bien pour que la carpe ne pût le manger, sans que je la prisse. J'ai connu trois pêcheurs qui étaient des spécialistes pour la pêche à la carpe. Ils ne se servaient que de fèves, de petites fèves de marais, je crois. J'allai les voir un jour. Il me semble qu'après avoir passé une fève dans leur hameçon, ils y passaient après un ou deux grains de blé, et qu'ils laissaient la pointe de l'hameçon sortir, mais d'une manière imperceptible. Je crois qu'en cuisant leurs fèves et leur blé ils mettaient dans la marmite toutes sortes de fleurs ou plantes odoriférantes, telles que la marjolaine, la lavande, le thym, le serpolet, et peut-être un peu de musc ou de civette. Ils amorçaient la veille les endroits où ils comptaient pêcher, en y jetant de leurs fèves et peut-être aussi de leur blé; ils jetaient leurs lignes jusqu'au fond de l'eau et les attachaient à un bateau sur lequel ils attendaient que les carpes, en agitant leurs lignes, prouvassent par là qu'elles mordaient ou qu'elles étaient prises.

Les carpes commencent à mordre dès le mois de février, pourvu qu'il fasse un temps un peu doux ; depuis ce mois jusqu'en juin elles mordent mieux qu'en toute autre saison, et à toute heure de la journée ; depuis juin jusqu'en septembre, à moins qu'il ne fasse un temps trop doux, elles ne mordent bien que le matin et le soir ; elles mordent rarement dans un étang avant le mois de mai. Le meilleur appât, au commencement de la saison de la pêche, est un ver rouge bien purgé, huit jours dans de la mousse et mis dans du son humide la nuit d'avant la pêche. Le blé cuit et la pâte sont aussi très bons alors. Un ver rouge est bon pendant la première partie de l'été. S'il faisait chaud et s'il tombait de la pluie on aurait un grand succès en pêchant le soir avec une petite chenille verte, qu'on trouve sur les choux. (Kresz raconte qu'il en prit beaucoup avec cet appât).

La carpe mord rarement au milieu du jour dans l'été, à moins qu'il ne tombe une pluie légère ; le meilleur temps alors c'est de très grand matin et tard le soir. Quand vous pêchez dans un courant, aussitôt que vous voyez mordre, piquez ; mais dans une eau dormante attendez un moment, tenez-vous un peu éloigné du bord, craignez de faire du bruit même avec vos pieds ; si l'endroit n'a pas été amorcé, jetez de temps en temps de vos appâts autour de votre ligne, mais sans bruit, vous rappelant que les vieilles carpes surtout sont très rusées et très défiantes ; quand elles sont prises lâchez-leur de la ligne avec le moulinet, et fatiguez-les avant de les attirer dans votre épuisette. Quand on entend les carpes sucer les herbes, si l'on peut sans être vu s'en approcher avec une ligne sans flotte, et descendre l'appât auprès d'elles à environ trois centimètres dans l'eau, on pourra les prendre.

Quand on pêche dans un étang avec une ligne à flotte, il faut choisir les endroits où l'eau est moins profonde, et, s'il y a un ruisseau, l'endroit où il tombe dans l'étang, c'est là qu'elles se tiennent jusqu'à ce qu'elles aient frayé ; il faut alors les pêcher autour des vannes et des pilotis dans l'eau profonde. Dans les eaux dormantes, tâchez de faire nager votre appât à peu près à deux centimètres du fond, mais quand vous pêchez dans les courants il faut qu'il touche au fond. Il faudrait prendre la profondeur avec la sonde la veille, ou longtemps avant de pêcher, ou bien, même en y faisant descendre doucement la sonde, on risque d'en éloigner les défiantes carpes pour longtemps.

Je juge à propos de dire en passant qu'on conseille aux convalescents de ne pas manger de la chair de carpe, et qu'on la défend aux goutteux dont, dit-on, elle augmente les accès. On estime plus celle des rivières que celle des étangs. On recherche moins les œufs de carpe que les laitances, qui offrent un mets fort délicat, et qui ont la propriété, à ce qu'on assure, de rendre la santé aux étiques.

La carpe a la vie très dure : si l'on plonge dans une eau froide ce poisson, lorsqu'il a été tenu dehors assez de temps pour être asphyxié, et que l'on ait l'attention de le maintenir dans sa position habituelle, le dos en dessus et le ventre en dessous, il ne tardera pas à revenir à la vie, si l'on soulève les ouïes, mais doucement, et si l'on essuie avec un linge doux la substance mucilagineuse qu'on aperçoit à la base des ouïes ; pour les empêcher de mourir pendant un voyage de 24 heures, il faut les envelopper dans des herbes fraîches et molles (les orties blanches sont préférées pour cet usage). On les place chacune dans une espèce de boîte de 3 planches, le ventre en dessus, pour qu'elles ne puissent faire aucun mouvement.

Avant de les coucher sur les herbes, on soulève légèrement les ouïes et dans leur ouverture, on y place une tranche de pomme pelée, qui n'en occupe pas toute la capacité. Cette tranche de pomme permet au poisson de respirer. À défaut de tranche de pomme, j'ai lieu de croire qu'une de tranche de carotte ou de navet ferait le même effet. Si la durée du voyage excède 24 heures, il faut enlever doucement les morceaux de pomme qu'on remet après avoir laissé la carpe reposer quelques heures dans de l'eau. On pourra la conserver ainsi vivante plusieurs jours, et elle nagera en arrivant, si on la jette dans un vivier. Vous pouvez conserver de même plusieurs jours des brochets et d'autres poissons, si vous leur mettez plein la gueule de la mie de pain trempée dans de l'eau-de-vie et si vous faites couler un peu d'eau-de-vie sur cette mie de pain, qui en est déjà trempée, et si vous les enveloppez après dans de la paille, ou des orties, en arrivant ils nageront au bout de quelques heures.

PROCÉDÉ POUR ENGRAISSER LES CARPES

On les entoure de mousse humide, et on les place dans un petit filet, de manière que la tête sorte un peu, et après les avoir suspendues dans une cave ou dans un autre endroit frais. on les nourrit avec de la mie de pain blanc trempée dans du lait.

PÊCHE DE LA TANCHE

La tanche aime toutes les pâtes où il entre du goudron, et du miel, et de la liqueur d'anis.

J'ai indiqué une galette faite de farine de blé noir, de miel et de goudron. On pourrait mettre aussi du goudron dans les pâtes faites avec de la mie de pain, une pomme de terre cuite dans un jus gras. et bien pétrie avec un demi-verre de liqueur d'anis.

Qu'on cherche d'autres recettes parmi toutes celles que j'ai indiquées à l'article recettes diverses et appâts divers. Il faut pétrir la pâte jusqu'à ce qu'elle

soit dure au toucher et gluante comme le mastic
d'un vitrier. La tanche mord bien dans un temps
chaud, après une petite pluie, à une petite limace
blanche, qu'on trouve en très grand nombre sur
les gazons dans les jardins. Il faut que votre appât
touche jusqu'au fond dans les étangs et dans les
rivières, qu'il traîne un peu sur le fond, à moins
qu'il ne fasse un temps bien chaud, ou qu'il ne
tombe de la pluie.

Les tanches se tiennent durant l'été dans les
herbes près de la surface de l'eau. Il faut laisser votre
appât tomber à environ 10 centimètres de profondeur entre les ouvertures que vous verrez entre
les herbes. Votre ligne doit avoir quelques plombs,
mais pas de flotte, et un hameçon numéro 8. Un
ver bien purgé est très bon à cette pêche-là, entre
les herbes, mais dès que vous sentez une morsure,
piquez vite, et jetez de suite votre poisson à terre,
car dans de pareils endroits vous ne pouvez le
fatiguer dans l'eau.

Dans les eaux dormantes surtout il arrive que la
tanche fait entrer lentement l'appât dans sa bouche,
et qu'elle fait promener la flotte à la surface de
l'eau, comme si elle n'avait pas la force de la faire
enfoncer dans l'eau. Laissez-la faire trois ou quatre
minutes, et si vous la piquez vivement, quand elle
fera filer votre flotte, vous êtes sûr de n'en jamais
manquer une.

Quand vous pêchez la tanche dans des étangs ou
d'autres endroits, où l'eau ne court pas, vous

pourriez avoir presque cinq ou six lignes que vous attachez au bord, comme je l'ai dit ailleurs, avec de petits piquets pointus attachés à la canne par une petite ficelle. Les lignes doivent être à peu près les mêmes que pour la carpe, mais les hameçons peuvent être un peu moins forts.

On peut en mettre deux à la même ligne, attachés à deux crins de Florence. Celui de dessus ne doit pas descendre tout à fait jusqu'à l'hameçon de celui d'en bas, de peur que les deux hameçons ne se brouillent ensemble. Je rappelle ici que la tanche se prend dans les nasses et les tambours, en mettant dedans les entrailles d'un lapin ou du sang caillé mêlé avec du son. J'ai un jour pris trente-deux tanches à la ligne dans une pièce d'eau, et il me semble me rappeler que je ne me servais que de vers pour appâts. Un excellent appât pour la carpe et la tanche, c'est du pain de maïs manié avec du miel jusqu'à ce que la pâte ne soit ni trop molle ni trop dure. On en met des boulettes sur l'hameçon qu'on en couvre bien.

PÊCHE DE LA BRÊME.

Voici les conseils que j'ai à donner pour la pêche de la brême. Il faut se rappeler que ce poisson fuit au moindre bruit, gardez-vous donc de piétiner, méfiez-vous, même de votre ombre. Il faudrait s'être assuré longtemps d'avance de la profondeur de l'eau, car si vous attendez pour jeter la sonde au moment de pêcher, vous ferez fuir la brème. Il faut que l'appât touche presque le fond.

La brème se trouve dans les endroits où l'eau ne coule pas, près des ports où le fond de l'eau est vaseux et avec très peu de courant, dans les baies où l'eau aurait jusqu'à huit à dix pieds de profondeur, et serait presque dormante. Elle ne mord guère dans le milieu du jour en été, à moins qu'il ne fasse une pluie chaude, et surtout si l'on a amorcé le fond dès le soir précédent ; s'il y a des roseaux près du bord d'une baie, et que vous puissiez pêcher de l'autre côté, cela est préférable à tout. La brème aime dans les rivières les mêmes endroits que la carpe et la tanche, elle prend les mêmes appâts et se débat fortement comme la carpe ; fatiguez-la donc bien avant de la mettre à terre.

Quand vous pêchez dans une rivière, jetez votre ligne plus loin qu'en pêchant le gardon, et piquez aussitôt que vous voyez mordre. Il faut toujours avoir un ou plusieurs boyaux de vers-à-soie au bas de votre ligne. Il serait à désirer même qu'elle fût toute en boyaux de vers-à-soie ou en soie de Chine préparée, ou en huit crins de cheval tordus ensemble.

J'ai expliqué, au commencement de mon livre, comment on peut tordre le crin sans nœuds.

Si vous pêchez avec l'asticot, il faut que votre hameçon soit du numéro 14, et du numéro 15, si c'est avec un seul ver ; il faut le numéro 10 ou 11, si vous pêchez avec du blé (et il n'en faut mettre qu'un grain) ; si vous pêchez avec de petits vers rouges, il faut le numéro huit. Il faut que l'appât ne tombe qu'à 3 ou 4 centimètres du fond ; il faut que la ligne ait environ 7 m. 50 de profondeur. Amorcez quelques heures d'avance avec de très petites pelotes de terre un peu sablonneuse mêlée avec du blé et du crottin frais de cheval.

MOYENS D'ENLEVER LE GOUT DE VASE AU POISSON.

Quand le poisson a le goût de vase, il faut le faire séjourner environ 15 jours dans un réservoir, ou bien dans un grand bassin, dont on change souvent l'eau. On l'y nourrit avec de la mie de pain. On dit aussi qu'en le mettant dans l'eau vinaigrée, il perd assez vite ce goût détestable de vase. J'ai jadis mangé des carpes qui avaient ce goût, et qui faisaient mal au cœur.

RECETTES ÉPROUVÉES

pour engraisser les poissons dans un vivier ou dans un réservoir.

1° La chair de lapin hachée bien menu, pilée dans un vase avec de la farine de fèves ou d'autres plantes légumineuses, à laquelle on ajoute un peu de miel, a la propriété d'engraisser toute espèce de poissons et de leur donner un goût exquis.

2° Si l'on fait bouillir dans de l'eau jusqu'à la consistance de bouillie très épaisse, de la bouillie de fèves de marais, de pois, de chènevis en égale quantité, et des œufs de poissons, si l'on peut s'en procurer, et si l'on y ajoute du miel et un peu de safran, on obtient une pâte, qui sera un excellent aliment pour les poissons.

3° L'orge mondé, bouilli dans du lait, produit de bons résultats.

4° L'eau blanchie avec de la farine de froment, et surtout avec de la farine de fèves de marais, et d'orge, a la propriété d'engraisser parfaitement les truites. Evidemment que ces recettes, surtout les 3 premières, en attirant les poissons, faciliteraient aux pêcheurs les moyens de les prendre.

PÊCHE DE L'ANGUILLE.

J'ai détaillé assez longuement la manière de prendre les anguilles à la ligne dormante.

— Les apprêts que j'y ai indiqués peuvent servir pour la ligne de fond ordinaire. Voici les conseils que j'ai à donner pour cette pêche. J'ai dit la manière de prendre les anguilles, à l'article *lignes dormantes*.

J'ai dit que les meilleures amorces sont les petits poissons, à leur défaut, les petites grenouilles. Mais, si l'on ne pouvait s'en procurer, on peut amorcer les hameçons avec des vers rouges, bien purgés pendant huit jours dans la mousse, et la nuit qui précède la pêche dans du son humide. Les vers de terreau sont très bons pour la ligne dormante comme pour la ligne ordinaire. On peut se faire un magasin de ces vers, si l'on place dans un coin de son jardin un tombereau de terreau mélangé par parties égales avec du fumier, qu'on arrose de temps en temps par les temps secs.

A défaut de terreau, on peut mélanger de la terre ordinaire avec du fumier. Il faut pour la ligne de fond préférer les hameçons anglais aux hameçons irlandais, que l'anguille casse plus vite que les hameçons anglais ou français ordinairement renforcés.

On prétend que les hameçons de couleur bleue éloignent les anguilles, mais que ceux de couleur bleuâtre les attirent. On les rend bleuâtres si, après les avoir polis, on les met dans de la cendre chaude.

Je sais par mon expérience que, si l'on se contentait de percer le ver de part en part, ses mouvements de torsion l'auraient vite débarrassé de l'hameçon, qui resterait dépouillé. Il faut donc bien couvrir les hameçons avec les vers, et prendre bien garde de faire sortir les pointes en jetant la ligne dormante. Il faut qu'il y ait une grosse pierre ou un gros morceau de fer ou de plomb au bout qu'on jette dans l'eau, et à l'autre bout un piquet pointu, qu'on attache solidement au bord, en tâchant de le

cacher, de crainte qu'il ne soit aperçu par des ma-
raudeurs. On peut amorcer les hameçons avec des
moules de rivière, des limaces, des boyaux de
volailles.

Il faut avoir grand soin de lever les lignes dormantes au petit jour; car, dès que les anguilles voient
poindre le jour, elles se débattent jusqu'à la mort,
ou jusqu'à ce qu'elles aient fini par se déprendre.
L'anguille se prend très bien à la ligne ordinaire,
quand le temps est à l'orage ; hors ce cas elle ne
mord bien dans l'été que le matin jusque vers huit
heures, et le soir à dater de 4 à 5 heures. Amorcez
avec des vers rouges dans une eau dormante et
profonde. Il faut que l'hameçon ne soit qu'à quelques centimètres du fond, qu'il faut sonder avant
de pêcher. Aussitôt que l'anguille est prise, il faut
la jeter à terre, et lui casser avec le pied l'épine
du dos, pour l'empêcher de faire des efforts et d'en-
tortiller votre ligne.

Pour la ligne à soutenir, les hameçons irlandais
du numéro neuf sont bons. Il faut dans les rivières
jeter sa ligne dans les parties vaseuses et calmes
des eaux, et non sur les fonds sablonneux ; il faut
aussi jeter sa ligne sous les hautes berges de terre
crevassées à leur base.

L'anguille aime aussi les pierres entre lesquelles
elle se cache pour guetter sa proie et aussi abonde-
t-elle parmi les pierres dans les digues, dans les
murs démolis trempant dans l'eau, près des rochers
à surface dégradée. C'est donc dans ces endroits,

ou autour qu'on doit pêcher le matin et le soir et même pendant le jour, si le temps est à l'orage.

J'en ai pris beaucoup en plein jour avec une ligne ordinaire auprès de la digue d'un étang. On prend l'anguille avec les nasses, verveux, louves ou tambours, guideaux et gors que l'on tend dans les trous, aux arches des ponts, aux vannes des moulins, et généralement dans toutes les eaux profondes.

MÉTHODE POUR PRENDRE BEAUCOUP D'ANGUILLES AVEC DES VERS SANS HAMEÇONS.

Il faut former un grand trousseau de vers suspendus à une perche ou à une forte canne à pêche par une corde de la manière suivante :

Premièrement, procurez-vous une quantité de gros vers de terre, plus ils sont gros et bien purgés, meilleurs ils sont. Les gros rouges valent bien mieux que les autres ; enfilez-les sur du fil grossier qui leur traverse le corps depuis la tête jusqu'à la queue ; continuez à les empiler les uns après les autres jusqu'à ce que vous en ayez un trousseau ausi gros qu'un navet, et tâchez surtout que tous les bouts, quand vous les formez en trousseau, soient tous égaux. Placez au milieu de ce trousseau un morceau de plomb d'une forme conique, la base en bas ; on s'en procure dans tous les magasins d'ustensiles de pêche faits exprès pour ce genre de pêche. Le trousseau ainsi préparé, jetez doucement votre appât dans l'eau, et laissez-le descendre au fond, puis enlevez-le d'environ 10 centimètres; et continuez de cette manière jusqu'à ce que vous sentiez mordre, ce qui est très facile, parce que l'anguille tire très fort.

Quand il fait chaud, pêchez dans les endroits où il y a peu d'eau et dans l'eau dormante. Quoiqu'elles mordent bien le jour, on en prend plus la nuit que le jour à cette pêche. Cette méthodes pour prendre des anguilles est pratiquée dans mon pays.

PÊCHE DE L'ANGUILLE A LA FOUANNE.

Dans le primtemps et dans l'été on peut prendre de belles anguilles avec cet instrument à dents qu'on enfonce dans les herbes et dans la vase des rivières, étangs et fossés. On trouve cet instrument chez tous les marchands d'ustensiles de pêche.

Il y a très longtemps que je connais ce genre de pêche et que je l'ai pratiqué. Cet instrument est surtout utile pour attraper les anguilles enfoncées dans la **vase** d'un vivier dont on a mis l'eau à courir.

PÊCHE DE LA TRUITE.

Cet excellent poisson a été appelé le roi des poissons. Celui qui sait le prendre en grande abondance mériterait d'être appelé le roi des pêcheurs, car il est très difficile à prendre. Il mord cependant à une foule d'amorces, aux vers de terre, surtout aux vers rouges, aux vers d'eau, aux petits poissons vifs, aux mouches et insectes naturels et artificiels, aux hannetons, aux bourdons, aux guêpes, aux sauterelles, aux sangsues et à la chair d'écrevisse. Ces deux derniers appâts sont excellents. Si vous suivez bien mes conseils, chers lecteurs, j'espère que vous pourrez vous dédommager de la peine que vous aura coûtée la prise de ce poisson, quand vous vous régalerez de sa chair, si renommée pour sa délicatesse et sa saveur. Souvenez-vous bien que la truite a les yeux très perçants, que, de plus, elle est timide et prudente. Si, par malheur, elle aperçoit le pêcheur, aucune amorce, quelle qu'elle soit, ne la tentera plus, et l'habileté et la dextérité les plus grandes ne serviront à rien. Cachez-vous donc d'une manière quelconque, dussiez-vous vous mettre à genoux pour cela. Quand vous pêchez au fond, servez-vous d'hameçon numéro 2 ou 3 ; amorcez avec des vers qui sont, pendant le primptemps, le meilleur appât, surtout de bon matin et tard le soir, ou dans le jour, si l'eau est trouble, et s'il fait un temps nébuleux et orageux.

Pêchez surtout au mois d'avril et de mai sans flotte, et mettez à peu près 25 centimètres au-dessus de l'appât le plomb nécessaire pour faire descendre le ver au fond. Il ne faut pas oublier que la truite ne touchera jamais à un ver, qui est à moitié mort, ou qui est tant soit peu déchiré ou sale. Amorcez avec un grand ver rouge de terre, ou avec deux petits vers de terre bien purgés et vivants.

Si vous mettez deux petits vers, vous entrez la tête de l'hameçon dans la tête, et vous faites monter la queue du premier ver jusqu'au-dessus de la queue de l'hameçon, et puis vous faites monter la tête du second jusqu'à ce qu'il rejoigne la queue du premier. C'était le procédé de Krez. Quand vous avez jeté votre appât dans l'eau, retirez-vous, autant que possible à la tête du courant, et laissez aller doucement l'appât sur le fond; quand vous sentez mordre, ne piquez pas la première fois, mais donnez plutôt de la ligne; quand vous sentez deux ou trois coups ensemble, piquez vivement et, si c'est un gros poisson, lâchez-lui de la ligne, ne vous pressez pas de le mettre à terre ; il faut, en pêchant de cette manière, jeter la ligne au milieu ou dans l'endroit le plus rapide du courant, et mettre assez de plomb pour que le courant n'empêche pas l'appât d'aller de suite au fond. Dans quelques petits ruisseaux, dont les fonds sont sablonneux, le chêne-fer, dit ver de paille ou porte-bois (qu'on trouve au bord des eaux) est un meilleur appât que le ver de terre, surtout au mois d'avril et de mai.

Le véron est un appât meurtrier pour les grosses et vieilles truites, surtout quand il est traîné contre le courant dans l'eau qui tombe des vannes, des

canaux. La meilleure manière de l'accrocher, c'est
par les lèvres. On vend des hameçons amorcés
avec un véron artificiel. Quand vous pêchez de
cette manière, servez-vous, d'ustensiles forts et
jetez votre appât doucement dans l'eau, et tirez-la
contre le courant bien près de la surface, de sorte
que vous puissiez toujours voir le véron. Si vous
pêchez d'un pont ou d'un endroit élevé, il faut jeter
l'appât un peu loin, surtout si l'eau est claire.

Cette manière de pêcher la truite est quelquefois
très heureuse. Quand vous sentez une truite mordre, laissez-la courir un peu avant de la piquer;
baissez le scion de votre canne.

Quand vous pêchez avec un véron vivant, pas-
sez-lui l'hameçon sous la nageoire dorsale, ou bien
sous la lèvre de dessous et attirez-le sur la lèvre
de dessus. — Faites nager votre appât un peu
plus bas que demi-eau. Les meilleurs endroits pour
prendre une truite avec un véron vivant sont ceux
qui sont profonds et entourés d'arbres. N'ayez pas
de flotte, quand vous pêchez la truite dans une eau
dormante, si l'eau est claire : car la truite verrait
votre flotte et ne prendrait pas l'appât. La truite
commence à manger au mois de mars, s'il fait
beau temps, et continue jusqu'à la Saint-Michel :
elle fraie bientôt après. Les deux ou trois premiers
mois de l'année sont les meilleurs pour la pêche à
fond. Les truites sont alors sur les gués et les cou
rants, et mangent au fond, parce qu'il fait un temps
froid ordinairement, de sorte que peu de mou-

ches voltigent sur l'eau jusqu'aux mois d'avril et de mai.

La grosse truite se plaît en été dans les tourbillons et haïs que forme l'eau qui coule des moulins, et quelquefois tout près de la roue, qui est un endroit excellent pour y laisser tomber un hameçon amorcé avec un ver; elle aime aussi beaucoup à rester sous les grandes pierres.

Vous ne pouvez jamais être trop tôt ou trop tard pour la pêcher au fond, surtout quand il fait bien chaud. — Quand on pêche la grosse truite avec un véron ou un gros ver rouge, il faudrait se servir d'un hameçon très fort n° 3 ou 4 empilé sur 4 boyaux de vers-à-soie tordus ensemble avec une boucle au bout pour être accrochée à l'émerillon.

Quand votre hameçon touche au fond tirez-le lentement à la surface de l'eau, et continuez ainsi jusqu'à ce que vous sentiez une morsure ; laissez bien mordre avant de piquer; changez souvent de place, et vous êtes sûrs d'une parfaite réussite; surtout ne péchez jamais la truite sans un émerillon à la ligne.

J'ai oublié de dire que les vérons blancs valent mieux que ceux qui ont des taches.

Si vous péchez avec un appât artificiel, qu'on appelle diable, et si vous avez un émerillion qui fasse tourner cet appât, les vieilles truites oubliant toutes leur astuce se précipiteront dessus sans attention.

— Vous pouvez très bien faire tourner votre diable du haut d'un pont ou d'un autre endroit élevé. En le laissant descendre le courant près de la roue d'un moulin, et en l'y faisant changer de place pendant quelque temps. S'il y a là une truite, vous la prendrez. — Fatiguez-la avant de la mettre à terre, vous trouverez chez les marchands d'instruments de pêche des mouches étiquetées pour les temps divers, sombres, clairs, etc. N'en achetez pas plus de 8 espèces au plus.

La truite chasse ordinairement le soir et la nuit, puis le jour elle reste inactive, et ne se dérange pas lorsqu'on la touche. On la pêche bien avec un grappin.

On jette l'amorce un peu en avant de sa tête, et on la retire, en l'approchant à sa portée; la truite se précipite et se prend au grappin. Il est bon de lâcher d'avance le déclic du tourniquet, parce qu'elle fuit avec rapidité, et pourrait briser la ligne. La truite qui chasse, au contraire, se pêche généralement à la grande volée avec une grosse mouche.

On sait qu'il faut chercher ce poisson dans les eaux claires, vives et à cours rapide, souvent froides.

Faute d'insectes naturels, qui sont toujours les meilleurs, employez en d'artificiels, de différentes espèces selon les mois. Si vous voyez une truite s'élancer sur une mouche naturelle, jetez la vôtre un peu au-dessus de l'endroit où vous jugez que peut être la tête, un peu à droite ou à gauche. Elle ne viendra probablement pas à votre première épreuve ; recommencez trois ou quatre fois ; mais elle ne saisira votre mouche que lorsqu'elle se présentera tout près d'elle et de manière à la tenter. Rappelez-vous qu'il faut qu'elle ne vous aperçoive pas.

Pendant et après les pluies douces, sans trop de vent, voilà le moment par excellence pour prendre la truite.

Tâchez d'imiter avec votre mouche artificielle les mouvements que fait un insecte ailé sur l'eau, où il est tombé : on le voit sauter 5 ou 6 fois et retomber, parce que l'humidité de ses ailes l'empêche de les déployer.

Tâchez toujours d'avoir le vent dans le dos. Je vais ajouter d'autres détails sur les différentes mouches à employer dans tel ou tel mois, ou à telle ou telle heure.

C'est un abrégé de ce que l'on trouve dans Kresz à propos des mouches.

PÊCHE A LA MOUCHE

En avril la mouche de bouse de vache est très meurtrière. Le canard brun ou mouche brune est excellente au milieu de la journée, surtout s'il fait un temps noir. On prend encore des poissons pendant tout ce mois, mais mieux le soir tard, avec la mouche de cheval. En mai et une partie de juin vous réussirez avec la mouche de mai jaune, surtout le soir. Mettez deux ou trois ensemble de ces mouches. Les chenilles de toutes couleurs et la mouche de l'épine noire sont très bonnes dans toutes les petites rivières, où il y a des truites, surtout le matin quand il fait bien chaud. En juin et juillet, la mouche de dame est très bonne, surtout après une inondation, quand l'eau commence à s'éclaircir. Le cousin noir est très meurtrier le soir, s'il a fait chaud et s'il a plu dans le courant de la journée. On se sert de cousin bleu seulement quand l'eau est bien claire. La mouche orange est très meurtrière, si le temps est sombre et qu'il fasse chaud.

La grande mouche-fourmi est très meurtrière, pendant quelques heures au milieu de la journée; elle est très bonne au commencement de ces mois et les jours qu'il fait chaud.

PÊCHE DE LA TRUITE SAUMONÉE.

La truite saumonée se prend à la ligne et aux filets, absolument comme la truite ordinaire, en employant pour la pêcher à la ligne des instruments plus solides.

On peut prendre des truites à la main, surtout dans les torrents et dans les cours d'eau pierreux, quand il n'y a plus guère d'eau que par-ci par-là. Les truites peuvent se prendre à la main sous les pierres, où elles se cachent la tête. Ne pas oublier que, si l'on n'a pas une épuisette, on risque beaucoup de ne pouvoir mettre à terre surtout les grosses truites.

PÊCHE DU SAUMON.

Ce poisson se pêche avec les mêmes appâts que pour les truites, seulement il faut un hameçon li-merick (ou irlandais) du numéro 1 ou 2, et empilé sur deux forts crins de Florence bien choisis.

Le saumon ne mord pas à la mouche naturelle ou artificielle dans les petits ruisseaux; il ne faut donc le pêcher que dans les rivières; il s'y plaît près des rochers, des ponts, des barrages, partout où l'eau agitée, battue lui promet une ample moisson d'insectes ou de petits poissons étourdis par la violence du flot.

Quand le saumon se sent pris à l'hameçon il fuit avec une vitesse vertigineuse; il faut lui lâcher tout ce qu'il y a de ligne sur le moulinet, et suivre le poisson souvent en courant, et, si quelque obstacle arrête le pêcheur, il lui faut jeter la canne à l'eau, et courir dans le bateau le plus près après sa canne jusqu'à ce que l'on ait pu la rattraper. Il faudra en repliant la ligne sur le moulinet user de la plus grande prudence, parce que aussitôt que le saumon ressent la douleur que lui cause la plus légère traction de l'hameçon il recommence a courir jusqu'à ce qu'il soit assez épuisé pour qu'on puisse l'attirer à soi, au moyen de l'épuisette.

Le saumon se prend souvent seul à la mouche, sans qu'on l'ait ferré. Quand on sent qu'il n'attaque que du bout des lèvres, il faut le ferrer vigoureusement.

Le saumon se pêche également au poisson vif dans les chutes d'eau et les cascades, à la cuiller et au tue-diable monté d'un poisson mort ou d'un simulacre de poisson; tout cela réussit très bien quand le temps et le vent sont à la pêche, et que le saumon mord. — Il serait inutile d'essayer de le prendre à la ligne dans les grands fleuves, parce qu'il n'y voyage ordinairement qu'au milieu et pendant la nuit. On ne peut le prendre ainsi que dans les rivières marines et dans les affluents des grands fleuves et près de leurs sources.

PÊCHE DE L'OMBRE DE RIVIÈRE.

Rappelez-vous que ce poisson se plaît beaucoup dans les gués rapides, et qu'il va très vite. Les vers les mouches et les insectes forment la nourriture de ce poisson. On se sert pour le prendre de moucherons et des mêmes ustensiles que pour la truite.

Il mord goulûment, piquez aussitôt que vous sentez sa morsure... Quand il est bien accroché, il est bientôt fatigué. Quand vous vous servez d'un ver ou d'un asticot, appâts qu'il aime beaucoup au printemps et l'été, présentez-les lui de bon matin, surtout si l'eau est un peu troublée, pêchez alors à environ 35 centimètres de fond, et servez vous d'un hameçon N° 9, en ne mettant point de flotte sur la ligne.

Comme il a une bouche qui ne lui permet pas de rechercher les gros insectes ni les grosses mouches, il faut se servir d'hameçons irlandais très fins à longue queue sans palette, ou, même encore des hameçons-aiguilles usités dans les pays où se trouve ce poisson.

Il est bon de se servir d'une ligne en trois crins bien tordus ensemble (j'ai appris au commencement de mon livre la manière de tordre le crin sans nœuds). La canne doit être très longue ainsi que la ligne qui doit porter 7 petits moucherons artificiels, espacés sur 5 mètres de long. Il faut un moulinet.

PÊCHE DE LA CHEVANNE OU MEUNIER.

On trouve ce poisson principalement dans les courants rapides, auprès des bancs de sable et des moulins ,ce qui probablement l'a fait appeler meunier

Se bien garder d'être vu par ce poisson timide, et se tenir aussi loin que possible. Il prend goulûment sur la surface de l'eau des teignes, de grandes mouches, des hannetons, des mouches à miel.

Il prend un appât en tout temps au fond et à la surface de l'eau. Quand on a pris deux chevannes dans un même endroit, il faut aller dans un autre, et puis dans un autre, et revenir après dans l'endroit, d'où l'on était parti, et ainsi de suite. Les chevannes aiment beaucoup les endroits où il y a des troncs d'arbres ou des branches de saule ou d'aune, etc., surtout quand il fait froid ; quand vous y pêchez ayez une ligne plus forte et sans moulinet ; faites-la descendre jusque vers le fond, puis remontez et tâchez de mettre votre poisson à terre le plus tôt possible. Il n'est pas besoin de plomb quand on pêche avec des insectes ; les vivants sont les meilleurs.

Les appâts pour la chevanne sont du pain de creton, de l'asticot, de la pâte, de la cervelle, de la moelle et du sang caillé de bœuf.

Quelquefois on fait une très bonne pêche, à la fin du printemps, avec un véron vivant ou une petite grenouille. Pêchez avec deux vers rouges sur l'hameçon, en avril et mai. Pendant les mois de l'été l'asticot, les cerises, les vers, le raisin sont les meilleurs appâts. Pendant le printemps et l'automne, amorcez avec le pain de creton et le sang caillé de bœuf et de veau. Pendant l'hiver et en mars, la cervelle de bœuf et la moelle du dos sont des appâts meurtriers. Il en faut gros comme une cerise.

Pendant le printemps, pêchez aussi près du milieu des courants qu'il vous est possible ; en hiver pêchez dans l'eau profonde, et laissez-y traîner votre hameçon.

Dans le printemps, cherchez les endroits exposés

au soleil, et de 10 h. du matin à 2 h. l'après-midi.

Faites descendre au fond un sac de filet à petites mailles contenant du sang caillé, et une pierre pour qu'il s'y maintienne, sondez et descendez à 6 centimètres du fond votre hameçon avec un petit morceau de sang caillé, ou des cerises, ou du raisin ou des vers rouges. Si l'on pêche avec du sang, il faut le renouveler souvent et piquer ferme dès que le poisson mord.

Dans le temps chaud, il ne faut pêcher que le matin et le soir. On amorce en juin avec des hannetons et des chenilles, et pendant juillet et août avec des sauterelles vertes et grises et même des mouches noires. On en prend avec la ligne à soutenir de 3 à 4 livres, si l'on amorce avec de la viande et des vers à queue. On pêche aussi la chevanne avec tous les insectes que l'on voit sur les arbres.

Quant à la ligne à la volée, elle doit être très longue et avoir 5 ou 6 petites plumes pour la soutenir sur l'eau. De petits bouts de joncs vaudraient autant et même mieux que ces petites plumes. On les attache sur le corps de la ligne de distance en distance. La ligne peut avoir jusqu'à environ six mètres et demi de long. Quand on amorce avec une mouche à miel, il faut auparavant lui presser la queue entre les doigts, et en arracher l'aiguillon avec des pinces ou un petit morceau de basane ou de drap ou de gros papier, pour ne pas être piqué en le tirant, sans tuer l'abeille. Car morte elle ne ferait pas un aussi bon appât. Quand on pêche avec une mouche à miel artificielle il faut placer sur la pointe de l'hameçon une mouche vivante quelconque.

Avant de mettre un hanneton sur l'hameçon, ôtez-lui ses ailes supérieures. Vous conserverez dans une boîte à asticots avec des feuilles vertes les sauterelles et toute espèce de cousins, les grandes mouches bleues et rouges, les mouches à miel et les guêpes.

Tous ces appâts naturels valent mieux que les artificiels.

PÊCHE DU BARBEAU.

Il faut se servir de fortes lignes en crin, ou en soie et crin, ou en soie de Chine, et d'hameçons renforcés des numéros 6 à 10, empilés sur de gros et forts boyaux de vers-à-soie. Pour flotte un morceau de jonc séché et de la longueur d'un grand doigt me semblerait très bon. Si l'on n'avait pas de jonc, on pourrait acheter une flotte bien plus longue que grosse (de la grosseur du petit doigt à peu près). On placera quelques plombs à environ 26 centimètres au-dessus de l'hameçon.

Il faut amorcer avec des pelotes de terre grasse mêlée d'asticots et de crottin de cheval. Mettez deux asticots à votre hameçon, pêchez au fond, que l'appât traine par terre (il serait bon d'avoir sondé le fond quelque temps avant de jeter sa ligne). Il faut piquer fort, car ce poisson a la bouche très dure.

La pêche au ver rouge est préférable quand l'eau est trouble, si l'eau est trop claire, elle n'est pas fructueuse. Le ver rouge n'est bon qu'au printemps et dans l'automne,(en été le barbeau n'y mord pas). Il ne faut jamais mettre qu'un ver sur l'hameçon. On recommande beaucoup l'appât suivant pour le barbeau et un grand nombre d'autres poissons:

Rôtissez des lentilles, réduisez-les après en farine en les pilant, ensuite vous les remettrez en pâte avec du blanc d'œuf. On forme avec cette pâte de petites boulettes, dont on cache bien l'hameçon.

PÊCHE DU BARBEAU AVEC LA LIGNE A SOUTENIR.

Il faut pour cette pêche se servir d'une ligne de soie de Chine d'environ 16 mètres de long, d'hameçons renforcés, numéros 3 à 6, empilés sur 4 boyaux de vers-à-soie tordus ensemble ou sur la ligne même.

Il faut mettre les plombs à environ 66 centimètres de l'hameçon, et en mettre autant qu'il est nécessaire, pour que la ligne ne soit pas emportée par le courant. On amorce avec de la viande de bœuf cuite dont on prend le maigre, du fromage de Gruyère ou des vers à queue de rat, que l'on trouve dans les latrines. On cherche une eau courante, vive et profonde. On tient le scion de la main droite. Il ne faut piquer que quand on sent un tremblement sans secousses interrompues. On doit piquer ferme. Car ce poisson a la lèvre supérieure très dure.

Quand on veut le pêcher avec des lignes de nuit, on fait comme pour l'anguille, excepté qu'on prend des hameçons plus petits, et qu'on les amorce avec de la viande de bœuf cuite, du fromage de Gruyère ou des asticots. On en prend ainsi des quantités, en septembre et en octobre.

On prend le barbeau à tous les filets, principalement avec l'épervier et le verveux, Dans une ville, à l'endroit où les égouts tombent dans la rivière, il faut amorcer avec le fromage de Gruyère ou la viande cuite. Les vers de viande et ceux de latrine sont les meilleurs, mais à la campagne rien de comparable aux vers de terre bien purgés.

Le spirituel et savant auteur de la *Pêche pratique* M. Léon Reymond dit qu'on peut prendre beaucoup de barbeaux, si l'on jette sa ligne dans ce qu'il appelle la chambre à coucher des barbeaux. C'est un trou profond dont l'ouverture n'est souvent pas plus large que le fond d'un chapeau, et il y a là quelquefois plus de cent barbeaux qu'on peut tous prendre. Quand, dit cet auteur, vous voyez fréquemment de gros poissons sauter souvent à la même place, sondez la rivière avec un plomb mis au bas d'une ficelle, attaché à une perche, et quand vous serez convaincu, grâce à vos sondages, que le lit des eaux, à peu près égal partout, s'infléchit brusquement à une place unique, il y a cent à parier que vous avez trouvé une falaise (où une chambre à barbeaux); notez bien l'endroit et revenez pêcher dans ce lieu. L'auteur fait remarquer que malgré le remue-ménage fait dans ce lieu étroit par un gros poisson qu'on en retire, les autres barbeaux ne s'enfuient pas, et qu'on peut les prendre jusqu'au dernier.

Il cite un pêcheur très habile qui, devant lui, avait vidé en quinze jours une chambre ou falaise à barbeaux, où il en prit plus de 500 kilos qu'il vendait 1 franc le demi-kilo.

Pêche du Gardon et de la Vandoise.

Les gardons sont faciles à prendre dans les étangs où ils sont à moitié morts de faim. On les y prend à la ligne et avec presque toute espèce d'ustensiles et d'appâts. Dans les rivières, si l'on pêche dans les courants, qui ont plus de deux mètres de fond avec une canne de pêche bien légère et une ligne faite de vers-à-soie très fins et liés à la suite les uns des autres, après qu'on les a trempés pendant une heure auparavant dans l'eau et avec un hameçon numéro 10 ou 11, on peut prendre une quantité de gardons.

Il faut que votre flotte soit légère, et qu'elle plonge

dans l'eau de manière qu'on n'en aperçoive que huit lignes au-dessus de l'eau. Aussitôt que vous sentez que votre ligne est tirée en haut ou en bas, piquez vite, mais légèrement (le mouvement doit être fait par le poignet et non par le bras).

Il faut pendant l'hiver chercher les gardons dans les tourbillons et les endroits profonds, dans les étangs où ils se trouvent autour des pilotis, des ponts et des vannes, dans les endroits où les ruisseaux viennent se jeter et en sortent, et dans les endroits où le fond est propre et sablonneux. Quand il fait chaud, ils mordent mieux le soir et le matin. Il faut se servir de lignes plus fines, quand l'eau est très claire. On peut se servir de lignes plus fortes, si l'eau est troublée.

Notez que le gardon reste au fond, ou s'enfuit, quand il entend le moindre bruit. Il faut donc tâcher qu'il ne vous voie ni ne vous entende. On le pêche avec un gros grain de froment à l'hameçon. On doit cuire ces grains avec un huitième de chènevis, et en y ajoutant une poignée de sel pour empêcher que ces grains ne s'aigrissent. Tout l'hiver on prend des gardons à la ligne ordinaire amorcée avec de petits vers de terreau. La mouche ordinaire de maison est citée par un vieux et habile pêcheur comme le meilleur appât pour la vandoise. On devrait garder ces mouches dans une bouteille. Il faudrait se servir d'un hameçon numéro 10 et en mettre deux dessus. Ceux qui se cachent derrière un arbre ou quelqu'autre chose, comme à la pêch e des truites et des chevannes, prennent un très grand nombre de vandoises. Il devrait en être ainsi, surtout si l'on pêchait du haut d'un pont ou d'une éminence en se cachant et en se servant de mouches naturelles ou artificielles de maison.

Un jour que nulle vandoise ne voulait mordre à d'autres appâts, je mis à ma ligne une mouche artificielle de maison. Aussitôt je pris une vandoise. Malheureusement ma mouche s'accrocha dans les herbes et s'y perdit. J'engage fort mes lecteurs à se servir de ces espèces de mouches naturelles ou artificielles. Un habile pêcheur dit que les meilleures mouches artificielles sont celles qui sont faites sur un hameçon numéro 10, et qui imitent les fourmis noires ou les cousins. Il dit aussi que le temps pour cette pêche est trois heures avant la brune. J'ai dit que j'avais réussi avec une mouche artificielle de maison en plein jour. Il est quelquefois bon de mettre un asticot sur l'hameçon, quand on pêche à la mouche artificielle.

Je me rappelle avoir pris un jour plus de quarante vandoises ou gardons dans le même endroit. Je pêchais dans un canal sous les pieds de plusieurs lavandières, qui en furent stupéfaites. Mais c'était l'écume de leur savon qui attirait ces poissons, et j'amorçais avec de la pâte mon hameçon ou mes hameçons (car je ne sais plus trop si je n'en avais pas deux à ma ligne). Je me servais simplement de pâte faite avec de la farine de blé démêlée avec un peu d'eau. Il faut la bien pétrir jusqu'à ce qu'elle soit dure à peu près comme du mastic de vitrier. Trop molle elle ne resterait pas sur l'hameçon, et si elle était trop dure le poisson la mangerait sans se prendre.

J'ai cité à l'article « appâts et recettes » une recette excellente pour tous les poissons, pour les gardons et les vandoises surtout. Je la rappelle ici : Il faut bien pétrir de la mie de pain frais avec une pomme de terre cuite dans un jus gras, et y ajouter un demi-verre de liqueur d'anis. Après cette recette 'en ai indiqué beaucoup d'autres qu'on fera bien de lire et de tâcher d'apprendre par cœur.

PÊCHE DU GOUJON.

Il ne se trouve que sur un fond sablonneux qu'il faut sonder. Il faut que 6 centimètres de la ligne trainent sur le sable vers lequel le goujon a toujours la tête tournée.

Avec des vers bariolés qu'on trouve dans les jardins potagers, on réussit bien mieux qu'avec des vers de viande.

Plus on remue le sable avec une perche, garnie au bout d'une pièce de liège ou de bois, taillée en rond, plus on attire de goujons et plus on en prend. Cela fait fuir les gros poissons; on est donc sûr, quand on voit mordre, que c'est un goujon, qu'il faut tirer fortement quand il entraîne la flotte.

On attire aussi les goujons dans un même endroit

en amorçant avec des pelotes de terre grasse mêlée avec des asticots et du son.

En mettant un seul petit ver rouge à l'hameçon, on prend assez souvent beaucoup de goujons à la ligne, en octobre et en novembre. C'est du premier août au premier octobre qu'on en prend le plus. Mais si l'eau est trouble et froide, le goujon se retire au large. On en prend beaucoup dans 'lhiver, avec la trouble et la nasse, surtout quand l'eau est trouble. Pendant l'été on les pêche avec un filet appelé goujonnier. On en prénd beaucoup à la pêche nommée pilonée. On se sert d'un carrelet grand de 1 mètre 60 environ. On l'enfonce jusqu'au sable, dans un endroit n'ayant en hauteur que 1 mètre 30 et avec une perche garnie de plusieurs morceaux de chapeau pour faire un volume à peu près gros comme les deux poings.

On pilone dans l'endroit pendant quatre ou cinq minutes; on tire alors le carrelet, et l'on est sûr d'un plein succès. On peut pêcher sur le même sable pendant plusieurs heures.

On se sert d'une canne légère pour la pêche du goujon, d'une petite flotte, de 2 hameçons numéros 11 et 12 pour les petits vers rouges, et pour les asticots, d'hameçons numéros 14 et 15. Il faut que les hameçons soient à 9 centimètres de distance, et que le dernier traîne sur le sable.

PÊCHE DE LA PERCHE GOUJONNIÈRE

On se sert des mêmes lignes, des mêmes flottes et cannes que pour le goujon. Mettez deux hameçons numéro 9, et pêchez à 33 centimètres du fond. Ce poisson se plaît sur les fonds couverts de sable. On jette doucement de temps en temps, des poignées de sable et de poussière dans l'endroit où l'on pêche. On réussit mieux en pêchant près du fond avec un seul hameçon. Si l'on en met deux, il faut que le premier soit numéro 9, et l'autre numéro 10 devra être attaché à la ligne à 27 centimètres au-dessus du premier, qui doit toucher légèrement au fond.

Ayez bien soin de faire monter le ver sur la queue de l'hameçon, de manière qu'il n'en pende que très peu sur la pointe, autrement le poisson le rongera sans avaler l'hameçon.

PÊCHE DE L'ABLETTE.

Il faut choisir un endroit où il n'y ait qu'environ 1 mètre 20 de profondeur, où le courant ne soit pas trop rapide, et où l'eau ne soit pas non plus dormante. Servez-vous d'une ligne faite de 3 brins de crins de cheval, ou de boyaux de vers-à-soie très fins. Il faut que cette ligne ait environ 4 mètres 25 de long ; mettez-y trois hameçons numéro 16, empilés sur un seul crin, et mettez un seul grain de plomb de la petite espèce.

Les trois hameçons doivent être attachés à 18 centimètres les uns des autres, et amorcés avec des asticots. Pêchez avec cette ligne à demi-profondeur d'eau. On jette de temps en temps dans l'eau des asticots mêlés de crottin de cheval, et l'on a soin de tenir la ligne de manière à ce que les asticots attachés aux hameçons aient le même mouvement que ceux qu'on jette à l'eau. Il faut garder le silence, et attendre quelquefois longtemps l'arrivée des ablettes. Dès qu'on voit qu'elles touchent les asticots, il faut les piquer par un coup sec, et cependant sans leur arracher la bouche.

Si l'on attache à un piquet planté en terre dans une eau courante d'environ 1 mètre 40 de profondeur, un panier rempli de sang caillé de bœuf, mêlé avec de la fiente prise dans les intestins de l'animal et du crottin de cheval, après avoir laissé ce panier passer une nuit dans l'eau, on pourra y pêcher le matin avec succès.

On peut aussi bien et même mieux réussir, si l'on met cinq hameçons à la ligne à environ 42 centimètres de distance les uns des autres ; il faut que la flotte soit très légère, et que l'on jette souvent des asticots dans le courant, et qu'on soit assis et qu'on imprime à la ligne un mouvement continuel. L'ablette mord toute la journée depuis le mois de mai jusqu'à l'hiver.

En juin, juillet et août, on réussit bien avec une ligne d'un seul crin et un hameçon n° 13, qu'on amorce avec une mouche vivante de maison. Il ne faut mettre ni plume, ni flotte, ni plomb et s'éloigner du bord.

PÊCHE DU VÉRON.

Ce petit poisson mord bien au ver rouge, au ver de fumier, à l'asticot et à la pâte. Un auteur dit qu'il mord bien aussi à un morceau de drap rouge.

Il faut se servir d'une ligne de trois crins se terminant par un seul crin sur lequel est empilé un petit hameçon du n° 13 ou 14, avec un seul plomb de chasse ou deux au plus, s'il était nécessaire pour empêcher le courant d'emporter la ligne. La flotte doit être petite, et la perche ou canne de deux mètres environ.

Les Vérons mordent dans les tournants, près des vannes des moulins, dans les gués, depuis le mois de mars jusqu'à l'hiver, piquez aussitôt que vous voyez mordre.

Un auteur dit que le véron ne mord pas du tout par un temps froid et orageux. — On mange les vérons frits, mais comme ils ont un goût d'amertume très désagréable, je n'engage mes lecteurs à en prendre que pour faire des amorces pour les poissons qui y mordent, comme la truite, le brochet, la perche, l'anguille, la chevanne.

Le meilleur moyen que je connaisse pour prendre beaucoup de vérons, c'est une grosse carafe qui a un trou dans le dessous. On met dedans du son ou de la mie de pain pour les attirer, et l'on couche la carafe dans le fond de l'eau; on l'attache au bord avec une ficelle, on la bouche avec un gros liège ou un autre bouchon en bois dans les côtés du quel on fait des canelures.

On doit en trouver de toutes préparées chez les marchands d'ustensiles de pêche.

PÊCHE DE LA LOTTE.

Ce poisson est excellent; son foie surtout, qui est très volumineux, est un mets délicat et recherché; mais il faut jeter les œufs qui sont purgatifs comme ceux du brochet.

La lotte ayant l'habitude de se tenir durant le jour dans des trous qu'elle se creuse, ou bien sous des pierres, ce n'est guère que la nuit qu'on peut la prendre aux lignes de fond avec des traînées disposées comme pour l'anguille. On peut se servir, pour amorcer, de petits poissons et d'insectes, des vers rouges et des grenouilles. On la prend encore la nuit avec des verveux ou des nasses; on la prend même en hiver avec la trouble.

PÊCHE DES LOCHES.

Il y a deux espèces de loches: une qu'on appelle la loche franche, et l'autre qu'on appelle la loche de rivière. La chair de la lotte franche passe, à bon droit, pour bien plus délicate que celle de la loche dite de rivière, qui passe même pour avoir mauvais goùt, mais toutes les deux sont un excellent appât pour pêcher des anguilles et d'autres gros poissons tels que le brochet, la perche. J'ai un jour pris du même coup deux belles perches à une ligne qui avait deux hameçons amorcés avec des loches.

Les loches se pêchent avec une trouble dont les mailles sont très serrées, mais on en prend beaucoup plus avec des nasses. Les loches ne se prennent guère à la ligne, excepté à la ligne volante qu'il faut appâter avec de la cervelle de bœuf et de petits vers; l'hameçon doit presque toucher le fond. Il n'est pas nécessaire de l'amorcer à l'avance; il suffit de jeter du sable blanc dans l'eau aux places où l'on veut pêcher. Voilà ce que dit un auteur allemand. — On peut prendre des loches avec des paniers qu'on promène sur le fond et à travers les herbes.

PÊCHE DU CHABOT.

Rien de meilleur que ce poisson pour amorcer les lignes de nuit pour les anguilles. Quand on le mange, c'est en friture. Mais, quoique sa

chair soit délicate, on le mange peu. C'est pro-
blablement à cause de ses arêtes et à cause de sa
tête repoussante et semblable à celle d'un crapaud.
Il se cache sous des pierres ou dans des trous. On
assure qu'en frappant sur les pierres, sous lesquelles
il se cache, on peut le prendre à la main, tant cela
l'étourdit. On le prend aussi avec des nasses et
avec une trouble, surtout dans les ruisseaux peu profonds, dont on agite l'eau de tous côtés pour le faire
sortir de son trou et entrer dans le filet. Un auteur
allemand dit qu'on le prend surtout en mai et en
automne, à la ligne de fond et à la ligne dormante,
en appâtant avec des vers.

Pêche de l'Ecrevisse.

Il y a plusieurs manières de pêcher cet excellen
crustacé, mais le moyen le plus simple et le plus
agréable est de le pêcher avec des balances doubles.
Car il existe des balances simples avec lesquelles on
perd beaucoup d'écrevisses, qui retombent dans
'eau, quand on lève les balances. N'achetez donc,
chers lecteurs, que des balances doubles, et priez le
marchand de vous donner quelques explications sur
la manière simple et facile d'ailleurs de vous en
servir. Il faut qu'il y ait à la base du filet un plomb
pour le maintenir au fond.

Au reste, les bonnes balances doubles que vous
vendent les marchands devront avoir tout ce qu'il

faut pour être prêtes à mettre dans l'eau, si ce n'est un bâton que vous attacherez à l'extrémité d'en haut, où il doit y avoir un liège. Ce bâton, ou plutôt cette baguette vous servira pour soulever la balance hors de l'eau. Gardez-vous de croire comme on le croyait jadis à tort, qu'un appât pourri attire mieux les écrevisses qu'un appât frais.

Les bons auteurs de pêche sont maintenant d'avis que les écrevisses préferent les appâts frais aux appâts pourris, et ils engagent à n'en mettre que de tels au fond de la balance.

Mettez-y donc un morceau de bœuf cuit, un morceau de foie ou de mou, ou bien des intestins de volailles, ou mieux encore un poisson ou bien une, grenouille morte, en ayant soin de les éventrer auparavant. Le foie de chèvre, qui attire de fort loin les perches, devrait aussi attirer les écrevisses, ce me semble. Il est aussi bien problable que la civette, qui passe pour attirer par sa forte et agréable odeur, les autres poissons, attirerait aussi de loin les écrevisses, si l'on frottait l'appât avec un peu de ce parfum, qui ne se dissout pas dans l'eau.

On peut tendre beaucoup de balances à la fois jusqu'à 15 et même jusqu'à 20. Aussitôt qu'on juge qu'il peut y avoir dedans des écrevisses, on peut les lever. Mais il faut s'appliquer à ne faire aucun bruit, autrement elles resteraient dans leurs retraites. Le moment le plus favorable est celui où le soleil est déjà assez bas ; on peut continuer jusqu'à la nuit. Les temps orageux sont toujours les plus favorables

On prend encore les écrevisses avec des nasses, ou même de petits verveux. Il est des marchands qui vendent de petits verveux faits exprès pour la pêche de l'écrevisse. J'en ai pris assez tard un fort grand nombre avec des balances dans un grand ruisseau, où j'en prenais aussi avec mes mains, en me baignant. Il faut tâcher de les attraper par le milieu du corps pour ne pas être pincé, ce qu'elles font avec tant de force qu'il n'y a pas moyen de s'en débarrasser qu'en leur rompant les pinces, ou en leur chauffant la queue. Cette pêche à la main se fait en remontant le courant, en soulevant les pierres sous lesquelles elles se cachent, et en fouillant les trous et les cavités qui se trouvent sous l'eau, dans les berges et entre les racines.

On dit qu'on peut aussi prendre des écrevisses, en mettant un appât au milieu d'un fagot ou même de trois fagots, qu'on lie ensemble, en plaçant au milieu une pierre pour les faire aller au fond de l'eau, et on les relève au bout d'un certain temps avec promptitude, afin que celles qui sont engagées dans les branches n'aient pas le temps de retomber dans l'eau. Il ne faut pas trop serrer la corde qui lie ce fagot ou ces trois fagots.

Les entrailles de lapin, de poulet, etc. sont de bons appâts.

Enfin, si l'on peut faire un barrage dans un ruisseau, les écrevisses, voyant l'eau qui se trouve au-dessous s'en aller, sortiront de leurs trous et on les prendra comme on voudra, et en même temps on pourra prendre aussi des anguilles, des loches et enfin tous les poissons qui pourront se trouver dans cette partie du ruisseau.

Pêche de la Grenouille.

Un jour dans un château, où j'étais précepteur, je priai le garçon de chambre de venir avec moi pêcher des grenouilles dans un étang, où il y en avait en abondance. Nous commençâmes par en attraper une, je ne me rappelle plus trop comment. Mais peu importe. Nous lui enlevâmes la peau d'une de ses grosses cuisses ou même la peau des deux; j'en fis une espèce de boulette que j'attachai au bout d'une ligne ou d'une ficelle sans hameçon.

Je ne sais plus du tout qui m'avait appris ce secret, qui me réussit parfaitement. Dans l'espace d'une heure environ je pris avec cette singulière amorce une quantité considérable de grenouilles. Il me semble me rappeler que nous rentrâmes au château avec soixante-sept grenouilles de la belle et bonne espèce.

On les arrangea à une bonne sauce, et les châtelains les trouvèrent délicieuses. Madame la Marquise surtout ne pouvait s'en rassasier, et, après cela, elle priait d'aller lui pêcher des grenouilles. Comme Madame la Marquise, j'avais trouvé les grenouilles excellentes, mais j'en avais presque dépeuplé l'étang d'un seul coup, en présentant la cuisse de l'une d'elles à ces sottes bêtes, qui s'y accrochaient.

Faute d'une cuisse de grenouille pour mettre au bas d'une ligne, ou même d'une simple ficelle sans hameçon, on peut amorcer celui-ci avec des vers, des mouches, des papillons, des scarabées, du cœur de bœuf, et même avec un morceau de drap rouge.

Mais on recommande un grand silence.

On dit qu'en automne elles sont plus grosses et plus grasses que dans le printemps.

Il existe d'autres manières de prendre les grenouilles.

J'ai déjà dit que ce sont de sottes bêtes, et voici ce qui le prouve bien. Si l'on met une grenouille vivante dans un verre qu'on charge d'une pierre assez lourde, pour l'empêcher d'en sortir, et si on le dépose sur le bord d'une pièce d'eau, où il y a des grenouilles, celles-ci accourent en foule pour délivrer la captive qu'ils entendent coasser, et on en prend tant qu'on en veut avec une trouble ou un autre petit filet.

J'avoue que je n'ai jamais fait cette sorte de pêche, ni la suivante qui se fait, pendant la nuit, aux flambeaux, et voici comment: On entre dans l'eau pendant une nuit obscure avec une torche enflammée; on voit les sottes grenouilles sortir en foule de leurs trous et venir contempler cette lumière qu'elles prennent pour le soleil. On les prend alors à la main, car elles ne cherchent pas à s'enfuir.

Je me suis toujours demandé comment l'auteur,

qui dit que les grenouilles prennent la lumière de cette torche pour le soleil, peut le savoir, à moins qu'il ne comprenne le langage des bêtes, et qu'il n'ait entendu une grenouille lui dire cela en coassant.

Je connais un pays où l'on aurait la plus grande répugnance à manger des cuisses de grenouilles, par la raison que la grenouille a de la ressemblance avec le crapaud. Mais à ceux qui ont cette répugnance, je puis certifier que j'en ai mangé dans de riches maisons, où on les trouvait excellentes. Préparées avec une bonne sauce, elles valent au moins une fricassée de poulet.

LA PÊCHE AU MOYEN D'UN CORMORAN.

Cet oiseau, grand consommateur de tout ce qui vit dans les eaux, est un fléau de rivière; perché sur quelque rameau du rivage, de la hauteur duquel son œil perçant peut sonder la profondeur des eaux. il aperçoit sa proie, nageant vers ses retraites les plus sombres; il se précipite alors sur elle en fendant tour à tour l'air et l'onde avec la rapidité d'un trait et la saisissant avec une de ses pattes sans jamais manquer son coup, il revient en nageant de l'autre patte à la surface de l'eau, où par une manœuvre habile le poisson est lancé en l'air de manière à retomber la tête en bas; le cormoran le reçoit dans son bec, de façon à ce que les aiguillons des arrêtes qui se trouvent ainsi tournés en arrière, ne le puissent blesser. Si le cormoran n'attrape pas le poisson lancé, celui-ci n'est pas sauvé par une telle maladresse, du reste fort rare ; le cormoran le rattrape à la nage et le relance jusqu'à ce qu'il ait été englouti dans une situation convenable à la sûreté de son gosier. On a profité de ce merveilleux savoir-faire ; on a subjugué des cormorans ; à force de soins on se les est attachés, et on leur a appris à pêcher pour un maître.

Celui-ci rame doucement dans un léger bateau, son limier ailé est à la proue comme une sentinelle ; il plonge dès qu'il aperçoit le poisson, et rapporte sa capture dans le bateau. On s'est assuré de la fidélité de cormoran, en lui passant au cou un anneau trop étroit pour qu'il puisse avaler sa capture sans le secours de celui qui tient ainsi la clé de son appétit. Voilà la manière dont on sait utiliser le cormoran dans certains cantons de la Chine, dont les habitants ne se nourrissent que de poisson. J'ai connu en Bretagne un monsieur qui se servait d'un cormoran pour lui prendre du poisson, et qui fut inconsolable de la perte de son cher et précieux oiseau que fit mourir un crapaud, qu'il avait voulu pêcher, le prenant pour un poisson. Ceux de mes lecteurs qui voudraient se procurer un cormoran le pourraient faire dans un port de mer, ou bien chez des marchands qui vendent à Paris toute sorte d'oiseaux, ou bien prier un marin de leur en apporter un, ou bien une personne qui va aux bains de mer, surtout à Saint-Malo.

La Pêche au fusil.

On tue au fusil les brochets, que l'on voit **nager** entre deux eaux : mais il faut toujours ajuster au-dessous du poisson que l'on tire, parce que l'eau fait glisser un peu le plomb. Quand il est blessé, il vient mourir à la surface de l'eau, où on le prend comme on veut.

Voilà ce que dit Kresz dans son excellent ouvrage intitulé : Le Pêcheur français. Mais cet auteur ne parle pas de ce que je me rappelle avoir lu dans je ne sais plus quel ouvrage de pêche, c'est que si l'on expose au soleil un miroir au bord d'un étang, et qu'on le fasse se réfléchir dans l'eau, tout de suite; s'il y a un brochet dans les environs, il viendra à la surface de l'eau, où l'on pourra essayer de le prendre à la ligne, ou de le tuer au fusil. On peut tout aussi bien tuer des carpes ou d'autres poissons que le brochet. Mais si l'on jugeait qu'un poisson est enfoncé de 50 ou même de 40 centimètres, il serait inutile d'essayer de le tuer, à cette profondeur.

L'ART DE SE LAISSER FLOTTER
SUR L'EAU ET DE NE PAS SE NOYER, SI L'ON VENAIT
A TOMBER DANS UN ENDROIT PROFOND.

J'ai lu jadis ceci dans je ne sais plus quel journal, et depuis dans le recueil de recettes de l'abbé Petit-Poisson: Tout homme conservant assez de présence d'esprit pour battre des mains derrière le dos, et se tenir la face vers le point culminant du ciel qui se trouve directement sur notre tête, peut flotter à son aise, et en parfaite sécurité, lorsque l'eau n'est pas trop agitée. De cette manière, une personne qui ne sait pas nager peut, en cas d'accident, se maintenir sur l'eau. Ce procédé fort simple a sauvé plusieurs personnes du malheur de se noyer, et j'ai cru bon, mes chers lecteurs, de vous l'apprendre pour le cas où vous auriez le malheur de tomber dans une eau profonde, sans savoir nager. Je sais nager, mais j'ai éprouvé que cela réussit; moi je me tenais debout, la tête hors de l'eau et les yeux vers le ciel, et je battais des mains étendues et dont les pouces seulement me touchaient l'estomac. — Je trouvais moyen ainsi d'avancer ou de marcher dans l'eau. Quelqu'un ne sachant pas nager pourrait-il réussir ainsi ? Je ne sais trop.

Comme les pêcheurs sont exposés à attraper des maux de gorge, si le cuir de leurs souliers ou de leurs bottes prend l'eau, je crois bon d'indiquer ici une très utile recette.

MOYEN DE CONSERVER LES CHAUSSURES
ET DE LES RENDRE IMPERMÉABLES A L'EAU.

Faites fondre sur un feu doux une once (ou 31 grammes 25 centigrammes) de cire avec une once de saindoux et une once de miel, mêlez-y ensuite 16 grammes de térébenthine; enduisez de cette composition les chaussures, après les avoir un peu échauffées auprès du feu ; répétez cette opération deux ou trois fois, en les approchant de la chaleur, afin que le cuir soit bien imprégné de cette composition ; ayez soin surtout d'en bien enduire les côtés des semelles, où sont les coutures. Aucune humidité n'y pénétrera.

Je termine, mes chers lecteurs, en vous recommandant par dessus tout mon procédé pour faire des lignes en crin de cheval sans nœud, et celui pour faire avec de la soie de sanglier une ligne à cinq hameçons pour la perche, et mon procédé pour pêcher jusqu'au milieu d'un vaste étang de gros brochets, de belles perches, de magnifiques carpes et de superbes anguilles, et même toute espèce de poissons, si vous ne vous servez pas uniquement d'hameçons à brochet, mais d'hameçons moins forts, amorcés avec des vers ou d'autres appâts, qui ne sont pas de petits poissons ou des grenouilles.

Bonne chance à chacun de vous, chers lecteurs ! Puissiez-vous réussir tous à vous mettre sous la dent ces êtres aquatiques, qui vous ont peut-être mis plusieurs fois sur les dents ! ! !

FIN.

TABLE DES MATIÈRES

Paris. — Imprimerie TÉQUI, 92 rue de Vaugirard, 92.